この「命令カード」を
コピーして切り取り、
机やテーブル、
床などの上に
並べて使ってね！

パソコンがなくてもできる！

はじめての プログラミング

普及版

著／松林弘治

監修／坂村健
INIAD（東洋大学情報連携学部）学部長、工学博士
東京大学名誉教授

角川アスキー総合研究所
KADOKAWA ASCII Research Laboratories, Inc.

はじめに

小学校でも勉強する

「プログラミング」って、聞いたことあるかな？私達の身の回りにあふれるコンピューターを、思い通りに動かすための命令「プログラム」って言うんだけど、そんな「魔法の言葉」を自由に操れば、どんなことだって実現できるんだ。「プログラム」を操って「プログラミング」することは、どんなゲームより奥が深くて楽しいんだ。

なぜプログラムが必要かというと、コンピューターは超高速で処理をするのが得意なんだけど、まだ自分で考えたり工夫したりはできないんだ。そこで、私達人間の出番だ。知恵を絞って、理屈を積み上げて、プログラムを作れば、コンピューターはその通りに働いてくれる。私達の書くプログラム次第で、何だって実現できる。ゲームだって作れるし、世の中を便利にするものだって作れるんだ。

この本は、プログラムが動くコンピューターの世界を遊びながら学べるように、そして、プログラムを作る人達の気持ちに少しでも近づけるように、ワーク形式で楽しくまとめたものなんだ。

①〜⑦は「プログラミングって何だろう？」がテーマだ。シンプルな命令を組み合わせて、ロボットに見立てたミニカーなどの目印を動かす方法をみていくよ。どんな複雑な動きだって、簡単な命令をこつこつ並べていけば実現できるんだ。キーワードは「順次」と「繰り返し」だ。

⑧〜⑬は「ゲームを作ってみよう！」がテーマだ。ロボットを、さらに複雑に動かすための方法をみていくよ。キーワードは「条件分岐」、つまり「もし〇〇だったら△△をする」っていう意味だ。最後には、プログラムで動く対戦ゲーム作りにチャレンジだ。

⑭〜㉓は「コンピューターを動かす魔法の言葉」がテーマだ。キーワードは「アルゴリズム」。プログラミングを行う上でとても大事な考え方についてみていくよ。プログラムを組み立てる時には「手順の考え方」「解決の方法」について考えるのはとても大事で、いろんな例をもとに体験していくよ。身近な事柄を題材に、「アルゴリズム」

プログラミングを、お家で楽しく！

について学んでいこう。

　家にパソコンがなくても、スマホやタブレットがなくても、まずはこの本で遊べば、コンピューターの中で起こっていることが、もっと身近に感じられるようになるはずだよ。そして、プログラミングするように考えるってことは、本当に楽しいし、これからどんどん大事になってくるものなんだ。

　さぁ、ワクワクだらけのプログラミングの世界に一緒に飛び込んでみよう！

ヒママ
ひまわりから生まれたのんびり屋さんのヒママくん。ゆっくり、ゆったり、ちょっとずつプログラミングをお勉強中。

ゆかこちゃん
ごっこ遊びが大好きな女の子。プログラミングはまだよく分からないけれども、新しいことをやってみるのは大好き。お気に入りの赤いワンピースを着て、今日は何をしようかな？

キママ
ひまわりから生まれた自由気ままなキママくん。お口を大きく開けて、元気いっぱいに楽しくプログラミングをお勉強中。

イラスト／よしのゆかこ

目次

パソコンがなくてもできる！
はじめての
プログラミング 普及版

ちょ　まつばやしこうじ
著／松林 弘治
かんしゅう　さかむら けん
監修／坂村 健

イニアド　とうようだいがくじょうほうれんけいがくぶ　がくぶちょう　こうがくはくし
INIAD（東洋大学情報連携学部）学部長、工学博士
とうきょうだいがくめいよきょうじゅ
東京大学名誉教授

コラム

この本の使い方

　この本は、パソコンやタブレット、スマートフォンを使わなくても、プログラミングの考え方や作り方を試せる本なんだ。

　必要なのは、たったのこれだけ。

1 この本

2 鉛筆とハサミ
（ハサミは命令カードを切るときだけ使うよ）

3 命令カード
（コピーして、ハサミで切ってね）

4 2種類のコマ
（消しゴムとか、ミニカーとか、ペットボトルのフタとか）

命令カードは
この本をコピーして
ハサミで切ってね！

06

そして、この本に載っている例題で、次のように遊んでみよう。

1 例題をよく見る

2 スタートにコマを置いてみる

3 そのコマがちゃんと動くように、命令カードを並べてみる

4 命令カードを順番にやってみてうまくいくか、実際にやってみる!

こうやって使おう!

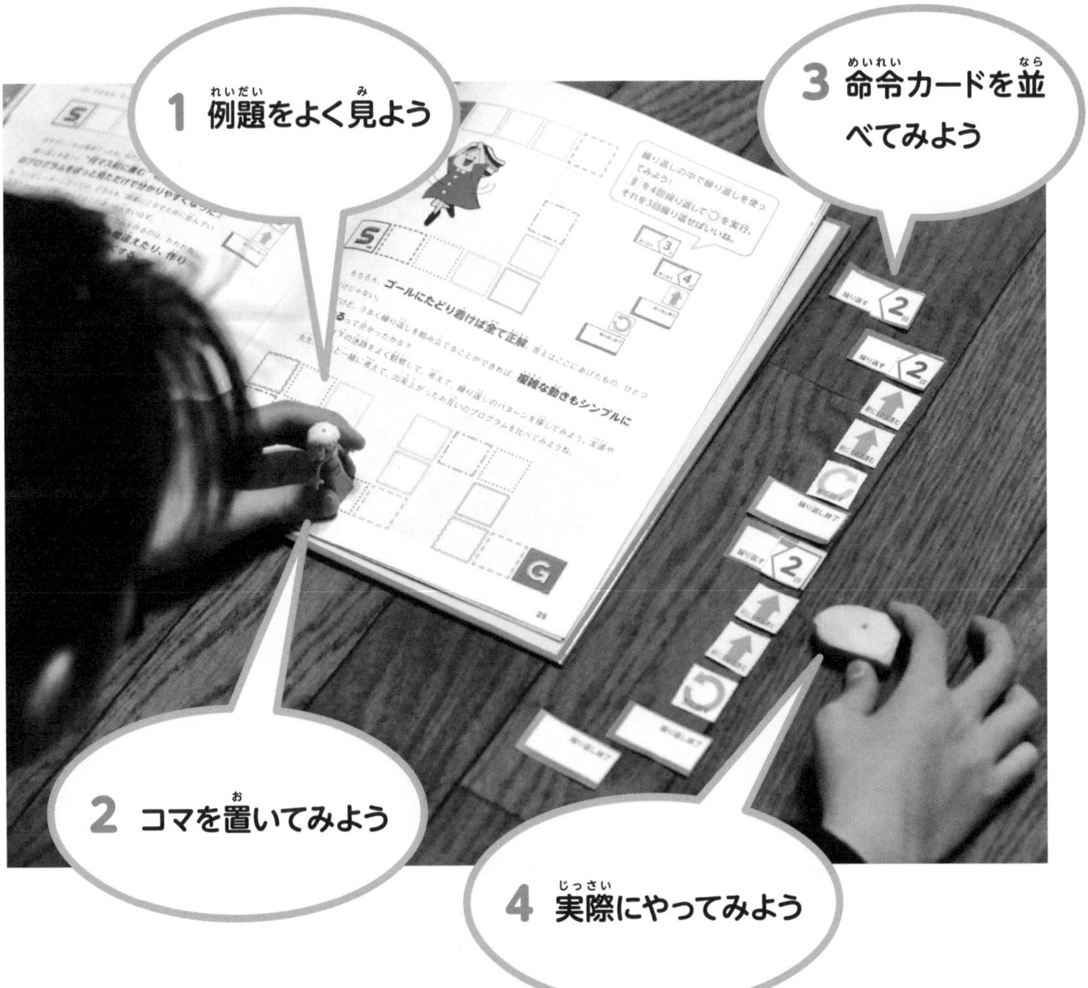

1 例題をよく見よう

3 命令カードを並べてみよう

2 コマを置いてみよう

4 実際にやってみよう

コマは2種類。1つ目はプログラムで実際に前や後ろに動かしてみるもの。なので、ミニカーとか、フィギュアとか、動かしたら楽しいものがいいね。

もう1つは、自分が作ったプログラムの、今どの部分を実行しているのかを示すもの。プログラムは上から順番にやってみるので、どこだっけって分からなくならないように目印になるものがあるといいよね。消しゴムとかでいいと思うよ。

カードの説明

この本で使う「命令カード」を説明するよ。

ひとつひとつの例題で使うカードは、それぞれのページで詳しく説明しているので、今はまだ命令カードの役割が分からなくても大丈夫。

この命令カードを並べたものも、プログラムのひとつなんだ。そう考えると、プログラムってそんなに難しいものじゃないよね。

この命令カード1枚で、コマが1マスだけ前に進むんだ。横に進んだり、2つ進んだりはしないよ。今向いている方向へ1マス進むだけだからね。

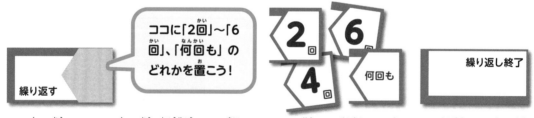

「繰り返す」と「繰り返し終了」の2枚のカードで挟んだ命令を、書かれた回数だけ繰り返すよ。繰り返すのが終わったら、「繰り返し終了」の次に置いた命令カードに進みます。

書いてある方向に90度（直角）だけ回すよ。前を向いているコマは、「左に回す」が1枚なら左に。2枚なら、もう90度回って後ろを向くよ。

命令カードは、お試し問題などと一緒に、コチラからもダウンロードできます！

https://ascii.jp/e/4023657/

| もしも | | そうでなければ | もしも終了 |

「もしも〇〇」の「〇〇」は自分で書くよ。それで、〇〇に合っていれば、その次に置いた命令カードに進んで、合っていなければ、「そうでなければ」の次に置いた命令カードに進むんだ。どちらかを実行したら「もしも終了」の次のカードに進むよ。

| 自分の番が来たら | 相手に番を回す |

2人で対戦する場合は、味方のプログラムと敵のプログラムを作って、それぞれをこのカードで挟むんだ。そうすると、例えば味方のプログラムの「自分の番が来たら」から実行して「相手に番を回す」まで来たら、敵のプログラムの「自分の番が来たら」に進む、ということができるよ。

この命令カードには何も書かれてないので、「サイコロを振る」とか、「全ての敵を1マス下げる」とか、自分で自由に新しい命令カードを作ることができるよ！

ちゃんと
思い通りに
動くかな？

① プログラミングって何だろう？

みんなの身の回りには、**"コンピューターがたくさんある"** って知ってるよね。意識しないと見過ごしてしまうかもしれないけれど。

みんなが予想する以上に、コンピューターで動くものは身の回りにあふれているんだ。例えば、パソコンやタブレット、スマホ、ゲーム機なんかは、いかにもコンピューターそのものだよね。

テレビ、電子レンジ、炊飯器、お風呂の自動給湯器なんかもコンピューターで動いているんだよ。

びっくりだね。

まだあるよ。

自動販売機。スーパーやコンビニのレジ。駅の自動改札。信号機。暗くなったことを検知して、自動で点灯する街灯……エレベーター、CDプレーヤー、電子ピアノ、電車やバスの案内表示。

まだまだあるよ。

おうちにロボット掃除機はある？ お店や病院で「Pepper」というロボットを見たことがある人もいるよね。そうそう、自動車にだって、コンピューターが搭載されているんだ。

そんな身の回りにあふれるコンピューター。**どういう仕組みで動いているか**、考えてみたことはあるかな？

実は、コンピューターは**「プログラム」**というもので動いているんだ。

「プログラム」って知ってるかな？ 発表会のプログラム、テレビ番組のプログラムとか、聞いたことがあるよね。つまり**「手順をきっちり書き下したもの」**が「プログラム」で、コンピューターのプログラムも同じなんだよ。

コンピューターは、人間の命令した通りにしか動いてくれない。だから「こうやって動いて欲しいな」って思うことを、プログラムとして書いて命令すると、その通りに動いてくれる。そして、その**プログラムを書くことを「プログラミング」**って言うんだ。

最新のロボットだって、実は全部、作った人が書いた、たくさんのプログラム通りに動いているだけなんだ。まるでリモコン操作のおもちゃみたい。そんな風に思うかもしれない。

そう、**"プログラムを作って、コンピューターを思い通りに動かす"** ってのは、**とても楽しい遊び**なんだ！この本では、そんなプログラミングについて、順番にみていくよ。

② まっすぐ動かしてみよう

千里の道も一歩から。まずは"直進"。命令カードを使って、**ロボットをまっすぐ動かすプログラム**を作ってみよう。

下のマス目の「S」というのがスタートの位置、「G」がゴールの位置だよ。

「なーんだ、こんなの簡単」って思ったかな? だけど、注意しないと、ちゃんとゴールで止まらないプログラムになってしまうかもしれないよ!

ちょうどいいロボットがなければ、小さなお気に入りのものを用意しよう。マス目の大きさに入るものだったら完璧だけど、少しくらい大きくても大丈夫。ミニカーとか、レゴのフィギュア、積み木なんかが、ちょうどいいかもしれないね。ペットボトルのふたにデコレーションしても雰囲気が出るかもね。

用意ができたら、「S」のマス目に置いてみよう。

ここで使う**命令カードは、「前に1マス進む」だけ**だよ。何枚使っても大丈夫。手順に従って、命令カードを机やテーブル、床などの上に、縦に並べてみよう。

きちんとゴールに到着できるように、**カードの数には気をつけて！** うまくカードを並べてプログラムを組み立てよう。

カードを縦に並べ終わったら、そのカードの通りにロボットを動かすんだ。

おっと、その前に、いちばん最初のカードの横に、消しゴムか何かを置くのを忘れないように。これは**「今、どの命令を実行しているのか？」を示す目印**だよ。今の命令に従って、ロボットを移動したら、その目印もひとつ進めよう。そしてまた、命令通りにロボットを動かす。その**繰り返しでプログラムの実行**だ。

うまくいったかな？ カードの枚数は合っていた？

前進するマス目の数には、くれぐれも気をつけよう！

命令カードをコピーして切り取ってから使ってね！ ここで使うのは、「前に1マス進む」だけです

前に1マス進む

G

うまくできたかな？

意外と簡単だったと思うけど、とても大事だからしっかり覚えておこう。**コンピューターは、命令をひとつひとつ、順番に実行**するんだ。びっくりするほどまじめに、言われた通りに、命令をこなすだけ。ゴールに届いていなくても、マス目からはみだしていても、そんなの関係ない。**命令に従ってそのまま動くだけ。**

ロボットを動かすって結構大変なんだ。気をつけないとロボットが机の上から落ちてしまうかもしれないよ。プログラムって、やっぱり人間が作っているんだね。

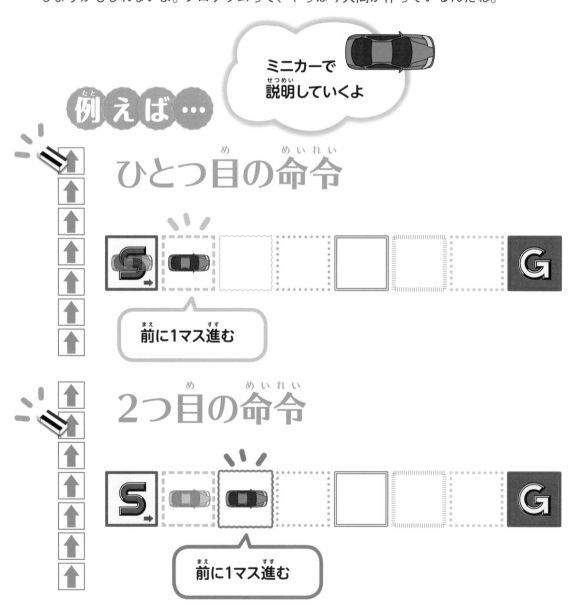

もうひとつ注意することは、**ロボットが"どっちを向いてるか"**だよ。

ゲーム機を思い出してみよう。上下左右（十字）のコントローラーでキャラクターを操作するときは、"操作している自分"の目線で考えているよね。ロボットを上から眺める感じ。

でも今回は、**ロボットの気持ち**にならないといけないんだ。「前に1マス進む」だけだから、**「ロボットが今どっちを向いてるか」**を考えて動かそう。ロボットの中から世界を見る感じ。

見方が変わると、命令も変わるってことなんだよ。

さぁ、次のページからは、曲がりながら進んだり道順を考えたり、少しずつ難しくなるよ。ロボットの目線で考えてね。

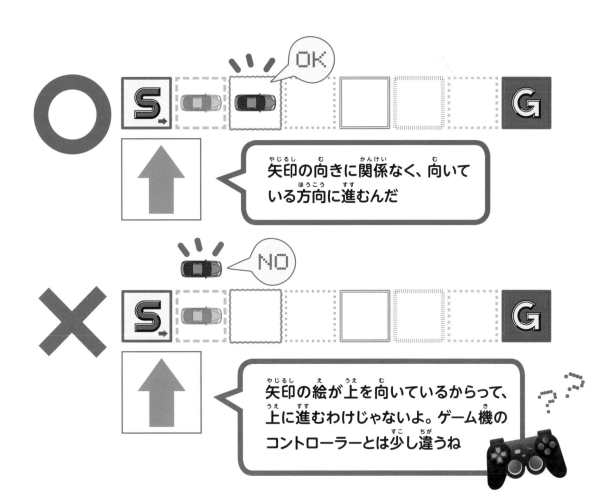

○ OK

矢印の向きに関係なく、向いている方向に進むんだ

× NO

矢印の絵が上を向いているからって、上に進むわけじゃないよ。ゲーム機のコントローラーとは少し違うね

③ 曲がってみよう

今度は**曲がり道**の登場だ。うまくゴールに進めることができるかな?

新しく登場する命令カードは、「**左に回す**」「**右に回す**」の2つ。これは、ロボットに見立てたお気に入りのグッズの**向きを変える命令**だ。

向きを変えながら進めると、ラジコンカーのように、左に右に、好きなところにロボットを動かせるというわけ。

やり方はさっきと同じ。マス目からはみださないように気をつけて、命令カードを縦に並べていこう。目印の消しゴムをいちばん上のカードの横に置き、お気に入りのグッズを「S」の位置に"右向きに"置いてスタートだ!

「左に回す」命令カード

「右に回す」命令カード

例題 2 やってみよう!

命令カードの通りに、さっそくロボットを動かしてみよう。マス目の道をはみださずにうまくゴールの「G」に着いたかな？

失敗しても心配はいらない。大丈夫！

プログラミングのいいところは、**完成するまでの間、どんなに間違えても何度でもやり直しができる**ところなんだ。はみださないように、ちゃんと曲がるように、もう一度よく考えて、命令カードを並び替えてみよう。

うまくいったかな？

これで、ロボットを前にも左にも右にも進められるようになったね。マス目がたくさんあっても、縦横に広がっていても、**どこにでもロボットを動かせる**ようになった。これはすごいことだね。

ん？これってあの遊びに似てないかな？

だけでは次のマスに進めないよ。とを続けて並べないとね！

自分がスイカ割りロボットに
なってみよう

夏休みといえば、海水浴。海水浴といえば、スイカ割り。一度はやったことあるかな？目隠しをした人が棒を両手で持って、周りの人たちのアドバイスだけを頼りにスイカを割る遊びだよね。

「もっと右向いて！」「そこから3歩進んで！」「ちょっとだけ左を向いて！」「そこでまっすぐ棒を下ろして！」

周りの人が一生懸命指示を出して、うまくスイカが割れたらそのチームは成功！

つまり、スイカを割る人と指示を出す人たちとの共同作業ってことなんだ。

さっきのマス目に似ていると思わないかな？

ロボットは、命令された通りにしか動かない。スイカ割りも周りの人たちの指示だけが頼り。言われた通りにうまく動けるかが勝負。

なるほど、スイカ割りってプログラミングに似てるところがあるよね！

せっかくプログラミングの本を読んでみたんだから、マス目を用意して、その上でスイカ割りをしてみよう。砂浜でなくても、やる方法はあるよ。

校庭や近所の空き地の地面に、棒でマス目を書いてもいいね。

体育館や多目的室、集会場などでやるのもいいね。先生や親からビニールテープを借りて、マス目の線を床に貼るといいかもしれない。もちろん遊び終わったら、床のテープは忘れずにはがしておくこと！

　スイカを割るのはちょっと大げさかな。そんなときは、大きなボールや自転車のヘルメットを代わりにしてもいいね。棒でたたく代わりに、ゴールに焼きイモを置いて、焼きイモ捕獲ゲームにしても面白いかもしれない。

　さぁ目隠しをして、いちばん端のマス目に入ろう。周りの仲間は、「右向けー、右！」「左向けー、左！」「前に一歩進め！」「マス目からはみ出してる！半歩下がって！」と、うまくゴールまで誘導してみよう。

④ 自由に動かそう

再びこの本のマス目に戻ってみよう。

今度は**6×6マスの自由なマス目**の登場だ。「前に1マス進む」カードに加えて、「左に回す」「右に回す」カードを手にいれた今、**どんな向きにでも自由に進める**ようになったからね。

おっと、このマス目には、ところどころに友達がいるよ。そう、今回のミッションは、**友達全員を迎えに行ってからゴールに着く**というもの。友達のいるマス目を通ったら、その友達を迎えに行けたことにしよう。

マス目のたどり方は人それぞれ。**みんなの好きな行き方で構わない**。とにかく**友達全員の上を通ってゴールに到達すれば成功**だよ。

今までの3種類のカードを組み合わせて、どんな行き方ができるかな？ やってみよう。

スタート「S」のところに、ロボットに見立てたお気に入りのものを置こう。**最初の向きはどっちでも構わない**。もちろん左向きでも下向きでもいいよ。その代わり、最初の命令カードが「前に1マス進む」だったら、すぐにマス目をはみだしてしまうよね？ 向きを変えてあげなきゃ。

さぁ、**自由な進み方で全ての友達のところを通ってゴール「G」を目指そう。

友達を迎えに
行こう!

命令カードで作ったプログラムは少し長くなってしまうけど、落ち着いて順番に動かしていこう。友達のいるマス目に、おもちゃの宝石やおはじきなんかを置いてゲットしていく、なんてルールにするのも楽しいね。"スーパーカー消しゴム"なんかも楽しそう——あっ、みんなは知らないかな？（大人に聞いてみよう）

さて、うまく進めたかな？

そうしたら、並べた命令カード（プログラム）はそのままにして、次のページへ進もう。

例題 3 やってみよう！

さて、どんなプログラムになったかな？ **答えはひとつではない**からね。

ロボットは最初、上を向いていることにするよ。例えば、下のような感じ。

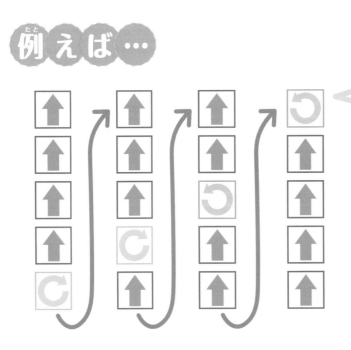

本当は1列に並べるんだけど、入りきらないから矢印で結んでおくね

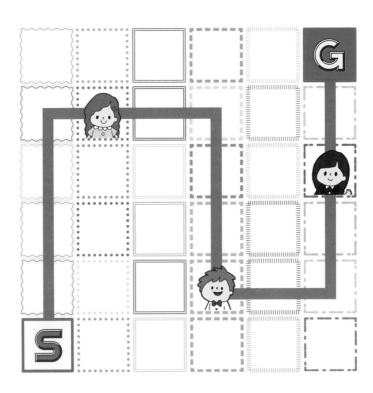

それにしても、長いプログラムだね。20枚も命令カードが必要だ。命令カードを並べる場所の確保が大変！

今度は別の道を通ってみよう。

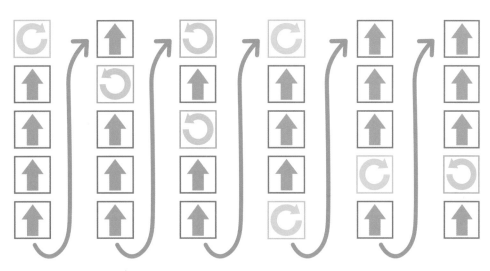

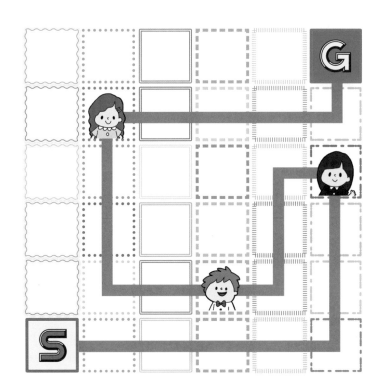

うわー、**もっと長くなってしまった**。30枚も命令カードを使っているよ。これは長い！

　しかし不思議だと思わない？ スタートの位置も、ゴールの位置も、まったく一緒。途中で迎える友達の数も同じ。それなのに、ロボットを動かす命令の長さは、こんなに違ってしまった。**なぜだろう？**

　プログラムの何が違ったんだろう？ どうして長さが違ってしまうんだろう？ 前のページで、みんなが作ったプログラムの長さはどうだったかな？ みんなで考えてみよう。**きっとどこかに"違い"がある**はず。

　今度は、通るマス目を自由に決めてやってみよう。おもちゃやおはじきなんかを宝物に見立てていくつかマス目に置き、さっきと同じように命令カードでプログラムを作ってみよう。うまく動く**プログラムができたら、その枚数をメモ**してね。

　次に、通るマス目はそのままにして、違う進み方でもう1回別のプログラムを作ろう。さぁ、命令カードの枚数はどうなったかな？

　プログラムの長さは一緒かもしれないし、違うかもしれない。「宝物を全部取ってゴール」する**目的を達成しているから、どちらも正解。**

　長いプログラム、短いプログラム。みんなは、どちらの方が好きかな？ どちらの方が"良い"と思ったかな？

例題 4
やってみよう！

自由に宝物を置くと
プログラムはどう変わるのかな？

⑤ 繰り返しってすごい！

頭で考えると当たり前の動きなのに、いざ命令カードを1枚ずつ並べてみるとたくさんのカードが必要で、とても長くなってしまうよね。

だけど、大丈夫。**コンピューターは「繰り返し」が得意**なんだ。

音楽の授業で楽譜を使うよね。「反復記号」って、もう知ってるかな？

「反復記号」を使うことで、同じメロディーの繰り返しを省略して書くことができるんだよね。

「反復記号」は、𝄆と𝄇の間をもう1回繰り返してから次に進むってことだよ

なんだか、音楽の楽譜もプログラムのように思えないかな？ そう、**楽譜も演奏するためのプログラム**ってことなんだよ。同じことを繰り返す、そんな特別な命令があれば、もっと短く、分かりやすくプログラムを書くことができるかもね。

例えば、こんな迷路を進むロボットだとどうだろう？ まずは今までやってきたように命令カードを並べてみてね。

スタートの位置では、ロボットが右を向いているとしよう。

命令カードは
どう並ぶのかな？

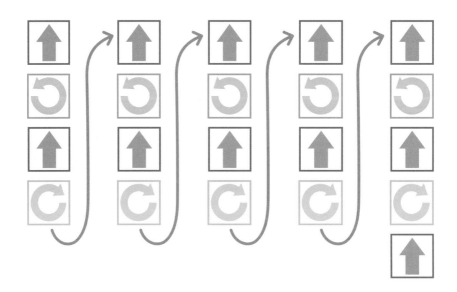

今まで通り命令カードを並べていくと、やっぱり長くなってしまうよね。

だけど、迷路と命令をよく見てみよう。何か**同じことを何度も繰り返している**ような気がするよね。

「前へ1マス進む」「左に回す」「前へ1マス進む」「右に回す」

この4つの命令を、何度も繰り返しているってことに気づいたかな？

■言われた通りに動くコンピューター

ゲーム機でキャラクターを動かしたり、ラジコンカーを操縦したりしたことはあるかな？ でも、こういった「操縦」と「プログラム」とはちょっと違うんだ。

「プログラム」っていうのは、コンピューターやロボットにどう動いて欲しいのか、"あらかじめ"命令を書いておいたもの。そこが「操縦」とは違うところ。

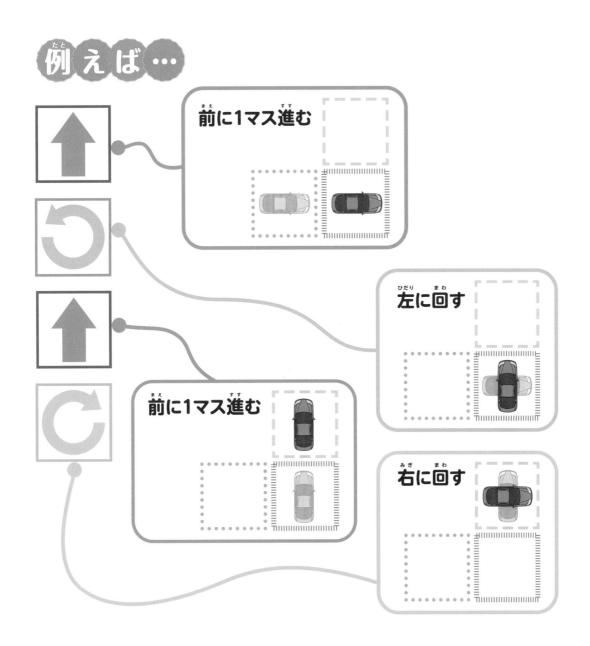

例えば…

前に1マス進む

左に回す

前に1マス進む

右に回す

プログラムをうまく作っておけば、コンピューターはその通りに動いてくれる。まるで、ロボットが自分で考えながら動いているように見えるんだ。

でもプログラムのどこかが間違っていたら、その間違った通りに動いてしまう。「そのくらい自分で考えて、ちょっとは気の利いたように動いてよ！」という気持ちになるかもしれないけど、コンピューターは何も考えずに人間が命令した通りに動くだけ。

人間は責任重大だね。ロボットの運命を握ってるんだから。

「繰り返し」命令カードを使って長いプログラムを分かりやすく直してみよう。

「繰り返す」カードの右部分に数字の書いてある「回数」カードを重ねて、「繰り返し終了」カードを組み合わせると、**はさまれた部分を数字のぶんだけ繰り返す**って意味になるんだ。これで**とても短く、分かりやすく書く**ことができるね。

「繰り返す」と「繰り返し終了」の間を、「回数」のぶんだけ繰り返すんだ

この場合は、「前に1マス進む」を3回繰り返すっていう意味になるよ！

「繰り返し」命令カードを使うと、21枚も使っていた命令カードがたったの7枚で済んだよ。あ、「繰り返す」カードと「回数」カードを別々に数えると8枚かな。

今、何回目の繰り返しをやっているか分からなくならないように、「回数」カードの横に何か目印を置いてもいいね。小さな紙切れを置いて「正」の字を書いていく、なんて方法もいいかもしれないよ。

「繰り返し」を繰り返そう

新しく手に入れた**「繰り返し」命令カードを使って、プログラムを**どんどん短くしていこう。

このまっすぐな迷路はどうなる？

例題6 やってみよう！

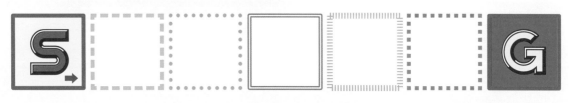

例えば…

もう簡単だよね？

さすがにこれは簡単だったね。右のように並べたかな？

繰り返しを使うと**“何マス前に進む”のかが、命令カードのプログラムをぱっと見ただけで分かりやすくなった**よね。コンピューターにとっては、どちらも“順番にこなすために並んでいる命令”だけど、人間にとってはこの違いは大きいはず。

プログラムを作るのは、われわれ人間。その**人間が、プログラムを読み間違えたり、作り間違えたりしないように、分かりやすくする。**繰り返しには、そんな役目もあるんだ。

さぁ、どんどんチャレンジしていこう。次の迷路は繰り返しを使ってどんなプログラムになるかな？

こっちは
どうかな？

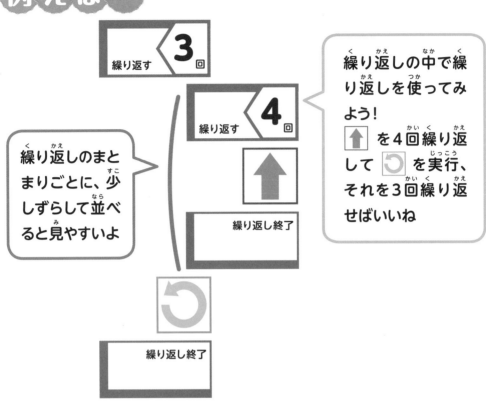

繰り返す **3** 回

繰り返す **4** 回

繰り返し終了

繰り返し終了

繰り返しの中で繰り返しを使ってみよう！
↑ を4回繰り返して ↺ を実行、それを3回繰り返せばいいね

繰り返しのまとまりごとに、少しずらして並べると見やすいよ

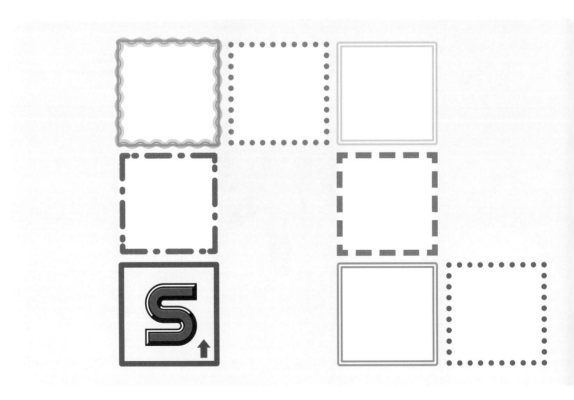

そうそう、**繰り返しの中で繰り返しをやってもいい**んだ。「3マス前に進む」という繰り返しを、4回繰り返す、っていう感じでね。その場合は、12マス前に進むことになるね。

もちろん、**ゴールにたどり着けば全て正解**。答えはここにあげたもの、ひとつだけじゃない。だけど、うまく繰り返しを組み立てることができれば、**複雑な動きもシンプルに書ける**って分かったかな？

今度は下の迷路をよく観察して、考えて、繰り返しのパターンを探してみよう。友達や先生、家族と一緒に考えて、出来上がったお互いのプログラムを比べてみようね。

「繰り返し」を
繰り返して
やってみてね！

例題8
やって
みよう！

G

7 迷路に挑戦だ

さぁ、ここまでやってきたことの集大成として、この迷路にチャレンジしてみよう。

9×5のマス目の中に友達の家があるね。この迷路では**郵便屋さんロボットが「S」からスタートして、全員の家に手紙を届けるよ**。家の上を通ったら手紙を届けたことにしよう。全ての家をうまく回っていくプログラムを作るんだ。

今回はゴールがないので、**どこで終わっても大丈夫**。**解き方はみんなの自由**だ。どんな進み方にしてみよう? どんなプログラムにしよう? 知恵を絞っていろいろ試してみよう。答えは何十通りもあるはずだからね。

20〜25ページで友達を迎えに行ったようにいろんな進み方を試して、その中で**通るマス目の数がいちばん少ないプログラム**を考えてみるのもいいね。ちなみに、そういうのを「**最短経路**」っていうんだ。

繰り返しをうまく使って、**プログラムを短く、分かりやすく**してもいいね。最短経路より命令カードが多くなっても、**プログラムがすっきり読みやすくなるのは素敵**なことだよ。

例題 9 やってみよう!

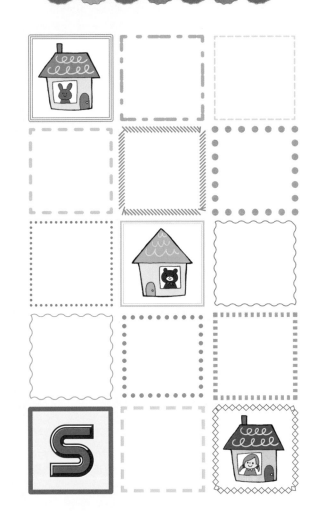

繰り返しを使うにしてもいろんな進み方があるはず。工夫次第で、何を繰り返すのか、どういう道筋を通ってみるのか、いくつもあるんだ。**ぜひ2つ以上のプログラムを作ってみよう。**

中には3通りも4通りも、プログラムを思いついた人がいるかもしれないね。そうしたら、必ずそれぞれの**プログラムを並べてよく見比べてみよう。**どんな違いがあるかな？似たところはどこかないかな？

さぁ、みんなでやってみよう！

ここまでやったことを
全部使ってやってみてね！

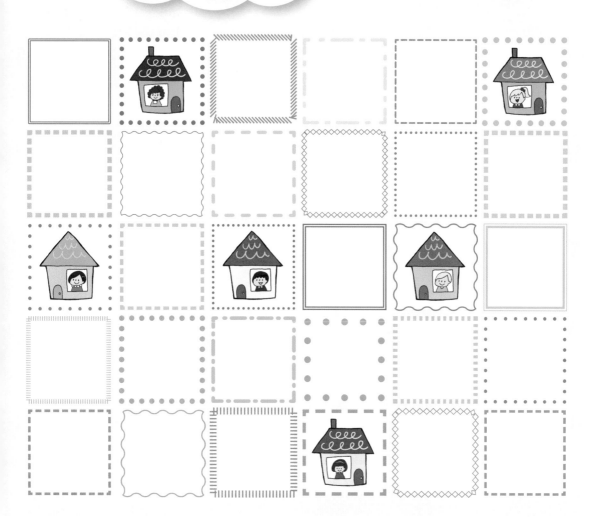

コンピューターとプログラム

そろばんはもう
習ったかな？

昔は全部、人が計算
していたんだね

■ コンピューターは「計算機」

　コンピューター。英語で書くと「computer」、これは
「計算する機械」っていう意味。みんなが知っているそろ
ばんだって、立派な計算機なんだよ。

　昔は計算尺っていう定規のような計算機もよく使われ
ていたけど、みんなはちょっと知らないかな。これを使う
と高校なんかで習う難しい計算もできるんだ。

　実はコンピューターがなかった時代にも、コンピュー
ターっていう言葉はあったんだよ。それは、物理や数学の
難しい計算をする人達のこと。つまり昔は「計算する人」
のことでもあったんだね。

■ コンピューターの歴史はまだまだ浅い

　今でいうコンピューターは、プログラム（あらかじめ作っておいた命令の並び）に
従って自動で動いてくれるものだね。少し前まで日本語では「電子計算機」とも呼ば
れていたんだ。

　プログラムで動く世界初のコンピューターは、1941年にドイツのツーゼという人が
作った「Z3」というもの。重さは1000キログラムもあったんだって！そして今のス
マホが1秒間でできる計算が、7000日くらいかかっちゃう……。それくらい遅かった
んだ！

　たった80年くらいで、コンピューターがものすごく速く動くようになって、身の回
りがコンピューターだらけの生活なんて信じられないね。

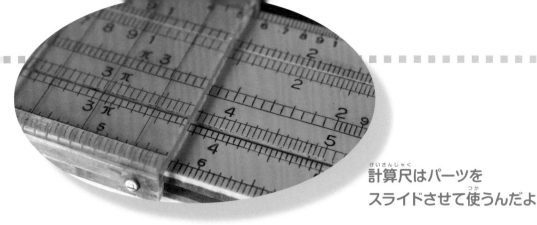

計算尺はパーツを
スライドさせて使うんだよ

■ プログラムは簡単な命令の組み合わせ

　この本では、ロボットに見立てたものを少ない種類の命令カードで動かしてみたけど、とてもたくさんの命令カードを使ったよね。プログラムを作る人間は大変だ。

　だけど、本物のコンピューターは文句も言わず、疲れたりもせず、そんなプログラムを順番に目にも止まらない速さで実行する。簡単な足し算だったら、1秒間に10億回とか、それくらいできてしまうんだ！

■ 繰り返しでプログラムを簡潔に

　コンピューターは「繰り返し」も得意なんだ。言われたことを、何度だって繰り返し実行してくれる。

　プログラムを作る人間にとってもいいことがあるね。「どこがまとまりか」「同じような命令をまとめられないか」って、しっかり整理すると、プログラムが簡潔で読みやすくなるからね。

　コンピューターを生み出したのも、プログラムを作るのも、人間。やっぱりすごいね！

初めてのコンピューターは
とっても大きいんだね

⑧「もしも」があればいろいろできる

　ここまではロボットに見立てたミニカーなどを、命令カードを使ったプログラムで思い通りに動かしたね。カードを1枚ずつ並べて**"順番通り"にプログラムを動かす**こと、「繰り返し」カードを使ってプログラムをまとめたり読みやすくしたりもした。

　ここからは、さらに先に進むよ。**新しい命令の登場**だ。

　最初にコンピューターで動いている身の回りのものの話をしたよね。そうしたものが、どんな仕組みで動いているか、考えてみよう。

　例えば、自動ドア。街中でよく見かけるよね。そんな自動ドアの上の方をよく見てみよう。**「センサー」**と呼ばれる部品が付いているはずだよ。赤外線や電波などを使って、**センサーから周りのもの・人間への距離を測っている**んだ。その距離を考えて、人が近づいたら自動でドアを開けてくれる。

　センサー式以外にも、ドアに付いたボタンを押すタイプの自動ドアもあるよね。あと、ドアの前にマットのようなものが敷かれていて、それを踏むとドアが開くなんてタイプものもあるんだよ。

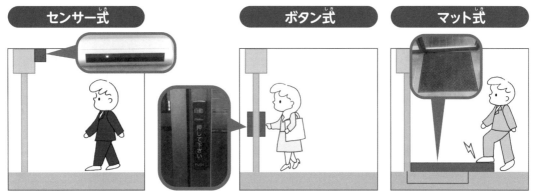

さて、ここではセンサー式自動ドアのプログラムは、どんな風に組み立てられているのか、ちょっと考えてみよう。

「人が近づいてきた」っていうのは、「人とセンサーとの距離が、（例えば）1メートル以下になった」と言い換えられるよね。**プログラムは、このセンサーとの距離の値をずっと見張っている**んだ。

そしてプログラムは、人が近づいてきたときにモーターを動かしてドアを開ける。命令カードのように書いてみると、例えばこんな感じになるかな？

「もしも、人が近づいてきたら」で、プログラムの動きが変わる。つまり、もしも人が近くにいないときは、ドアを開けないってことだね。ここで**プログラムの流れが二手に分かれる**んだ。

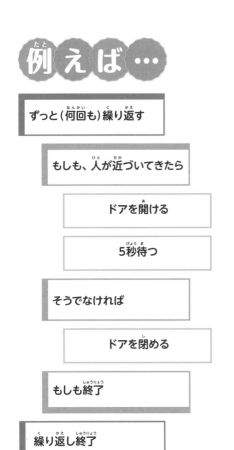

例えば…

ずっと（何回も）繰り返す

もしも、人が近づいてきたら

ドアを開ける

5秒待つ

そうでなければ

ドアを閉める

もしも終了

繰り返し終了

エレベーターだと、どうだろう？　もしも、押された行き先階ボタンが、今いる階より上だったら、エレベーターを上に動かすし、もしも、押された行き先階ボタンが、今いる階より下だったら、エレベーターを下に動かすよね。そしてもしも、エレベーターが行き先階に着いたら、エレベーターを止める。

もしも○○だったら、もしも△△だったら──。プログラムでは「もしも」がよく使われているってことなんだよ。「もしも」のおかげで、自由自在に、まるでコンピューター自身が考えているかのように、動かすことができる。

さぁ、「もしも」を使って、プログラムをさらにステキなものに作り変えていくよ！

マス目の終わりまで進むには？

さぁ、まずこんなまっすぐなマス目を進んでみよう。このまっすぐのマス目は、②の例題1で出てきたパターンと同じだね。ロボットに見立てたものを「S」（スタート）に置いて、「G」（ゴール）まで**まっすぐ動かすプログラム**を作るんだったね。

さあ、復習だ！
いろいろな
やり方がある
はずだよ

これは**「前に1マス進む」命令カードを5枚並べる**んだったね。そうすればゴールを飛び出して怪獣にぶつからず、ぴったりゴールで止まることができる。他にも**「繰り返し」命令カードを使う方法**もあるよね。「前に1マス進む」を5回繰り返すって、プログラムにする書き方もあったはずだ。

どちらのプログラムでも「前に5マス進んで止まる」という意味では同じ。**どちらも間違ってない、どちらでもちゃんと動く**。これがプログラムが自由で楽しいところなんだ。

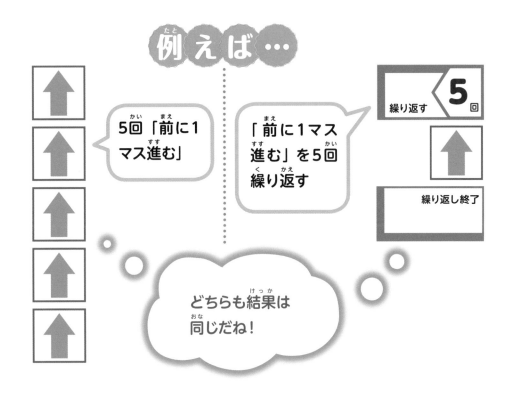

さて、ここでいよいよ、**新しい命令「もしも」カードの登場**だ。こんな風に使うよ。

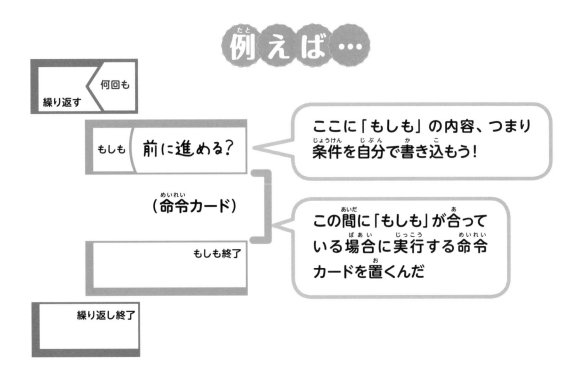

例では、ロボットに見立てたものの前に進めるマス目がある場合（もしも・前に進める?）、「もしも」と「もしも終了」に挟まれたところにある命令を実行するんだ。どんな「もしも」なのかは、自分で書き込んでね。

つまり、ロボットが今いるマス目の前に、進めるマス目がなかったり、怪獣がいたりする場合は、**その命令は飛ばす（実行しない）**ってことだよ。流れを矢印で書くと、下のようになるかな?

さぁ、この方法でうまく怪獣の手前のゴールで止まるようにプログラムを書くとしたら、どうなるかな? もうほとんど答えを書いてしまったけど、自分の命令カードを使って実際にプログラムを作ってみよう。

プログラムの流れ

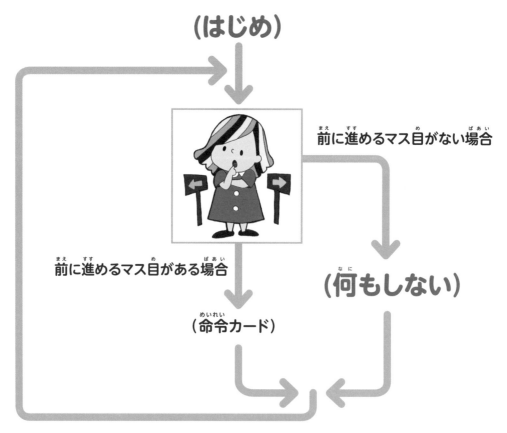

（はじめ）

前に進めるマス目がない場合

前に進めるマス目がある場合

（命令カード）

（何もしない）

さぁ、うまくできたかな？ 右のように
なっていたら、**正解だよ。**

「もし、前に進めるマス目があれば、
1つ前に進む」「なければ、何もしない」
っていう意味のプログラムになってい
るよね。実際に進んでいく感じも図で
示しておいたので、命令がどう実行さ
れているのか、じっくり考えてみよう。

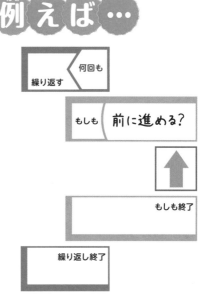

例えば…

ミニカーで説明するよ

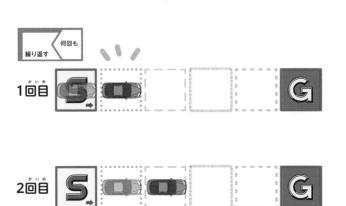

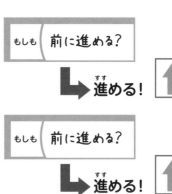

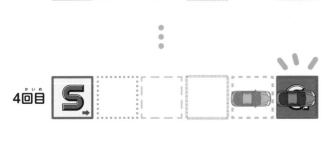

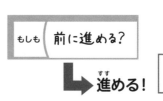

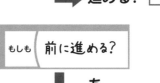

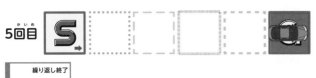

では「もしも」カードを使ったプログラムと、43ページにある**「繰り返し」カード**を使ったプログラムとを比べてみよう。どちらもゴールのところで止まってくれるプログラムなんだけど、どこが違うだろう？

「繰り返し」カードを使ったプログラムは「前に1マス進む」を5回やっているんだけど、**「もしも」カードを使った方は回数がどこにも書いてない**ね。

今やったマス目では、5マス進んだら前に進めなくなっただけ。だから、この「もしも」の方のプログラムだったら、横一列に3個並んだマス目でも、10個並んだマス目でも、100個並んだマス目でも、**数に関係なく同じプログラムのままできちんとゴールで止まってくれる**ってことなんだ。すごいね。だけど、ちょっと待ってよ。

このプログラム、**いつまでたっても終わらない**んじゃないかな？

もう進めなくなったあとも、何回も何回も「もしも、前に進める？」ってやり続けることにならないかな？ プログラムが無限に繰り返されてしまって、終わらない。これじゃあ、**ロボットが考え続けて休む暇がなくなってしまう**。これはかわいそうだ。

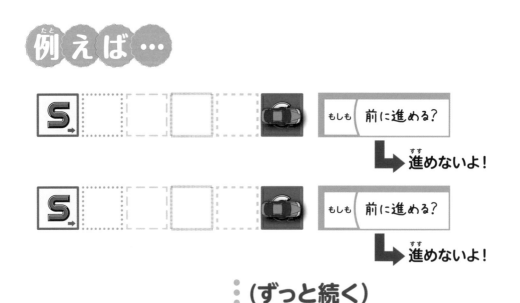

46

では、どうしたらいいだろう？

もう進めなくなったら、何回も繰り返しているのを終わりにして次に行けばいいんだね。

「もしも」「もしも終了」と組み合わせて使う、**「そうでなければ」カード**を使ってみよう。そして**「繰り返しを抜ける」カード**も足してみよう。これで解決。実際にロボットを動かしながらプログラムを確認してみて、プログラムの流れを確かめよう。

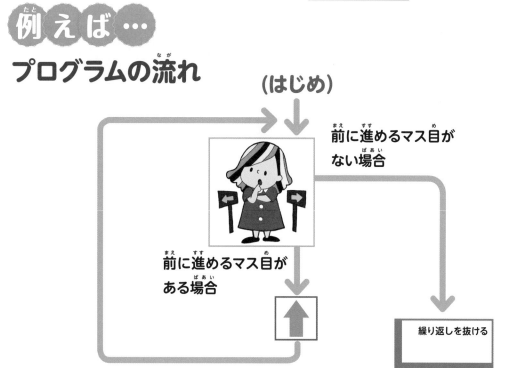

10 「もしも」カードで迷路に挑戦

この「もしも」カードを使った解き方で、例題7でやった迷路にもう少しチャレンジしてみよう。こんな形の迷路があったよね。**「前に4マス進む」**という繰り返しを**3回繰り返す**っていう風に命令カードを組み合わせたんだった。

例題 11
やってみよう！

「もしも」カードを使って
ゴールを目指そう！

ここから右向き
でスタート！

次のページの命令カードをじっくり見てね。このうち「前に4マス進む」っていう部分は、「前に進めるうちは進む」と同じ結果のはずだ。つまり、前のページで作ったプログラムでその部分を置き換えられるってわけだ。

ちょっとプログラムが複雑になってしまうけど、**これにはとってもいいことがあるよ。**

今までのやり方　｜　「もしも」で置き換えよう

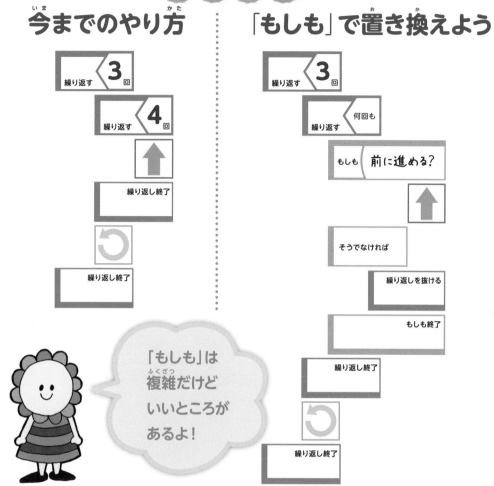

「もしも」は複雑だけどいいところがあるよ！

「前に進む」が4マスではなくても、ゴールに着けるようになったんだ。例えば下の迷路でも、同じプログラムで本当に解けるかな？ 実際にやってみよう！

例題12 やってみよう！
ゴールを目指そう

例えば…
こんな風に考えてみよう

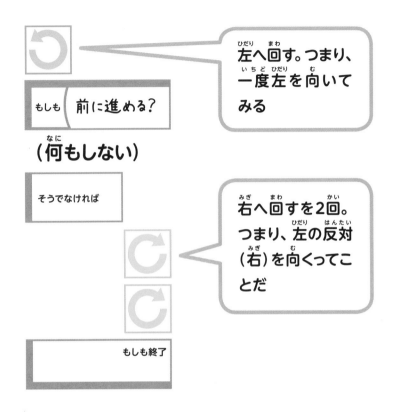

左へ回す。つまり、一度左を向いてみる

もしも　前に進める？

（何もしない）

そうでなければ

右へ回すを2回。つまり、左の反対（右）を向くってことだ

もしも終了

　次はちょっと難しくなるよ。迷路が右に曲がっていても、左に曲がっていても、ちゃんと進めるようにしてみよう。「前に進めるうちは進む」っていうのは今までと同じだけど、問題はその次だ。前に進めなくなったときに、**進めるマス目が左にあるのか、右にあるのか**、前もって分かっていない。どうやったらいいだろう？

　このプログラムを動かしたら、次に進める方向に向いて止まってくれるはずだよね。実際にやってみよう！

　この進める方向に向くプログラムと前に進めるだけ進むプログラムを組み合わせれば、**どちら向きに曲がるマス目の道でも進めるようになったね。**だんだん**本物のロボット**っぽくなってきたよ。

やってみよう！　左にも右にも曲がれる？

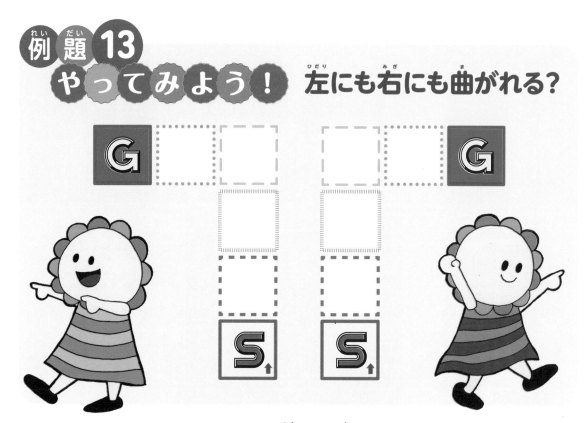

今度は下の迷路を「もしも」を使って解いてみよう。例題8の迷路と同じだけど、その時は「繰り返し」を使って解いたよね。

ここまでに「前に進めなくなるまで進む」と「左に進めるときは左を向く、そうでないときは右を向く」というプログラムを作ったよ。この2つをうまく組み合わせて、「G」(ゴール)にたどり着く方法を考えてみよう。

例題 14 やってみよう！

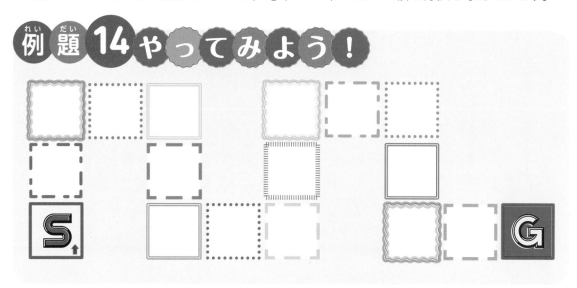

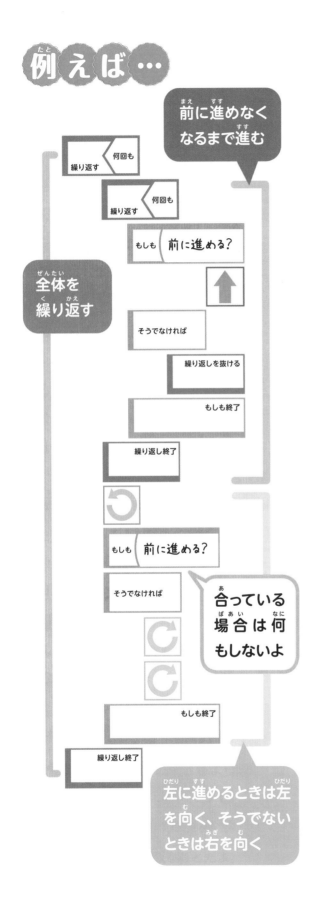

左側に紹介したプログラムは例題8とはずいぶん変わってしまったけど、本当にこれで解けるのかな？実際に試してみよう。ただし、このプログラム、ひとつ問題があるんだ。そう、46ページで取り上げたことと同じように、**このままだと"終わり"が来ないんだ**。どうすれば終了できるか、考えてみよう。ヒントは繰り返しの中にもうひとつ「もしも」を加えることだよ。

「進める間ずっと前に進む」プログラムと、「左か右か、進める方向を向く」プログラムを組み合わせて、それを繰り返すことで、**クネクネした迷路でもゴールまでたどり着ける**ことがわかったね。

「繰り返し」だけのプログラムじゃなくて、「もしも」を使ったプログラムだと**何が違うんだろう？** そう、まっすぐ進む**マス目がいくつであっても解ける**、曲がり角が左でも右でも**進む方向を向ける**ってことなんだ。

じゃあ、**繰り返しがなさそうな迷路でも進める**ってことなのかな？
ロボットに見立てたおもちゃを使って、実際にやってみよう！

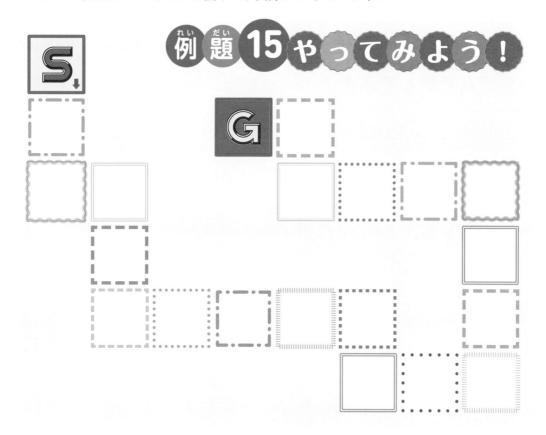

■お掃除ロボットのプログラム

　お掃除ロボットって知ってるかな？ 床に置いておくと、あっちへこっちへ、いすや机、棚などを巧みにかわしながら自分で動き回って部屋中を掃除してくれるね。

　実はお掃除ロボットの基本も「もし進めなくなったら向きを変えて、掃除を続ける」っていうプログラムなんだ。本当はもっといろんな処理をしているんだけどね。

写真／クリス・バートル

⑪ 怪獣を避けながら進め！

さぁ、今度は**怪獣がたくさんいる迷路**を、今作った**「もしも」のプログラムで進んで**みよう。怪獣を避けながら本当にゴールに到達できるかな？

例題 16 やってみよう！

❶進める間ずっと前に進む
❷左か右か、進める方向を向く

「もしも」を
使って考えて
みよう！

確かに怪獣を避けながらゴールに着いたね。同じプログラムでこれも解けるんだ。すごいね！

だけど、**怪獣がどこにいても本当にゴールまで行けるのかな？**

それとも、たまたまゴールにたどり着けただけなのかな？ 1匹だけ怪獣を増やして、こんな迷路だったらどうだろう？

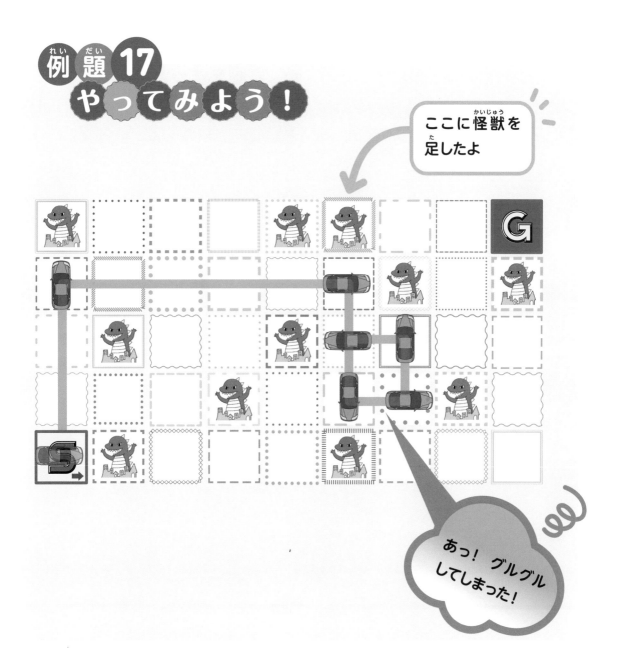

例題17 やってみよう！

ここに怪獣を足したよ

あっ！ グルグルしてしまった！

うわーっ！途中でグルグル回って、抜けられなくなったね。これじゃあ、ゴールには いつまでたってもたどり着けないぞ。**一体どうやったら**、いつでもゴールにたどり着けるだろう？

　実はスタートとゴールがいちばん外の壁にある（真ん中にゴールがない）迷路の場合、**絶対にゴールできる「左手法」**（あるいは「右手法」）っていうのがあるんだ。普通の迷路だったら、左手（あるいは右手）で入り口からずっと壁を触りながら壁伝いに進んでいく方法だよ。絶対に手を離したらダメ。遠回りになることもあるけど、必ずゴールに着くことができるんだよ。

　これをロボットのプログラムとして考えると、**左側をずっとチェックしながら進んで行く**ということになるね。本当にこれでどんな迷路でもゴールまで行けるかな？　さっきグルグル回ってしまった迷路の他にも、いろんな迷路で試してみよう！

実は、迷路には
攻略法があるんだ

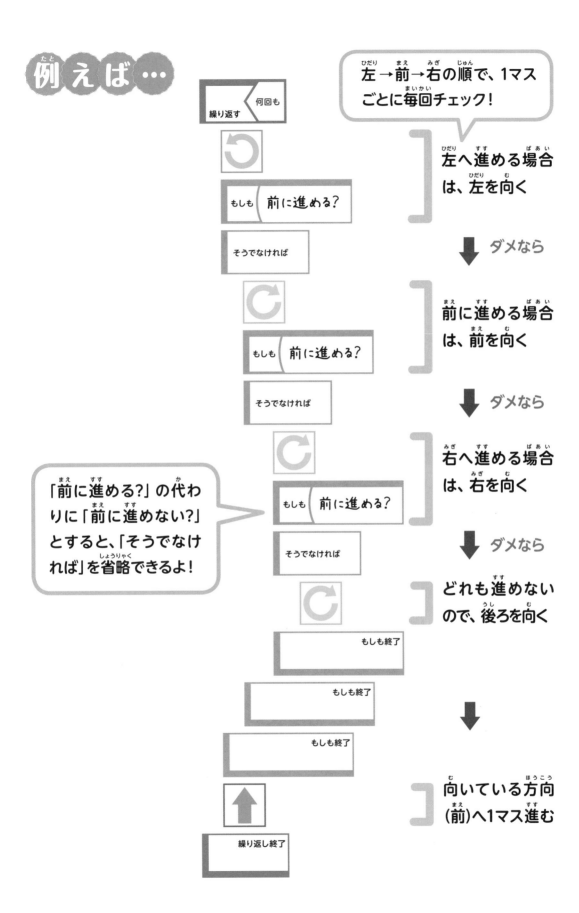

例えば…

繰り返す ／ 何回も

左→前→右の順で、1マスごとに毎回チェック！

左へ進める場合は、左を向く

もしも 前に進める？

そうでなければ

ダメなら

前に進める場合は、前を向く

もしも 前に進める？

そうでなければ

ダメなら

右へ進める場合は、右を向く

「前に進める？」の代わりに「前に進めない？」とすると、「そうでなければ」を省略できるよ！

もしも 前に進める？

そうでなければ

ダメなら

どれも進めないので、後ろを向く

もしも終了

もしも終了

もしも終了

向いている方向（前）へ1マス進む

繰り返し終了

⑫ キャラクターをランダムに動かそう

「もしも」カードのおかげで、いろんな動きができるようになったね。今度は、ちょっと**ゲームっぽいものを作ってみよう**。敵キャラクターがマス目の上から下へ襲ってくるんだ。

敵はたくさんいた方が、スリルがあっていいよね。だけど、現れる場所がいつも同じだったらゲームとしてつまらない。

そこで「ランダム」という考えを取り入れてみよう。**ランダムっていうのは「偶然」や「でたらめ」っていう意味**だよ。ここではサイコロを振り、その出た目（数）によって敵の出現する場所を変えよう。これなら間違いなくランダムだね。

それから、今まではほとんど決められた命令カードを使ってきたけど、これからは**自分でいろんな命令カードを作っていく**んだ。「サイコロを振る」とかね。みんなにちゃんと伝わって同じ動作ができるような命令カードを考えることもポイントだよ。

例えば…
自由に命令カードを作ろう！

サイコロを振る

出た数のいちばん上の列に敵を置く

> どんな命令にするか、工夫しながら考えよう！正解はひとつじゃないからね

例えば、サイコロを振って4が出たら、ここに置こう

❶	❷	❸	❹	❺	❻
			🐙		

繰り返す 〈何回も

全ての敵を
1マス下げる

もしも マスをはみ出た
敵はいる？

はみ出した敵を
回収する

もしも終了

サイコロを振る

出た数のいちばん上の
列に敵を置く

繰り返し終了

例えば…

さぁ、これを繰り返してどんどん敵を出現させよう。

1回サイコロを振って敵キャラクターを置くよね。そうしたら、**次はどうしよう？** すでにマス目に出ている**敵を全て、1マス下に動かすよう**にしよう。もしもマス目からはみ出してしまったら、その敵は消滅。そして、またサイコロを振って、その出た目のいちばん上のマスに新しく敵を増やそう。こうすると、いろんな場所に敵が出現して、どんどん襲ってくる感じがするよね。

次のページにイメージを載せたよ。

敵の動きのプログラムができたところで、今度は味方のプログラムを作ってみよう。味方キャラクターは、いちばん下の列だけを左右に動けることにするよ。

ゲーム機で遊ぶときは十字キーなどでキャラクターを右へ左へ操作するよね。だけど、**今回は味方もプログラムで動かしてしまおう。**

敵も味方もプログラムで動く。コンピューター対コンピューターみたいだね。いや、「敵の動きのプログラム」対「味方の動きのプログラム」の方が正確かな？

簡単なのは敵のプログラムと同じように、**サイコロを使ってランダムに右や左に動く**ってパターンだね。一度それでプログラムを作ってみよう。

例題 18 やってみよう！

ランダムに置いて、ランダムに左右へ動かそう

❶ ❷ ❸ ❹ ❺ ❻

味方はこの一列だけ、左右に動くんだよ

最初にサイコロを振って、例えば3が出たらここに置こう

まず最初に味方キャラクターを置く場所をサイコロで決めよう。そして次に、サイコロを振って、**奇数**（2で割ると1余る数、つまり1と3と5だね）だったら味方を左に動かそう。**偶数**（2で割り切れる数、つまり2と4と6）だったら右に動かそう。

このプログラムは右の図のようになるかな?

さぁ、ひとまず味方の**簡単な自動操縦プログラム**ができたね。まずは敵がいない状態でうまく右に左に動いてくれるかな? やってみよう。

おっと、ランダムだと**奇数や偶数が連続して、マス目からはみ出してしまうかもしれないね**。はみ出さないようにするにはどうしたらいいだろう?

これはみんなに考えてほしいんだけど、せめてヒントは出しておこうかな。味方を左に動かす前に「もしも・左に進める?」を用意して、左に進めるマス目がある場合は左に動かす、そうでなければ何もしない（今の場所のまま）ってこと。右に動くときも一緒だね。

例えば…

サイコロを振る

出た数のいちばん下の列に味方を置く

繰り返す　何回も

サイコロを振る

もしも　出た数は奇数?

味方を
左に1マス動かす

そうでなければ

味方を
右に1マス動かす

もしも終了

繰り返し終了

例えば…

サイコロを振って、奇数なら左、偶数なら右に動かそう

奇数の場合

偶数の場合

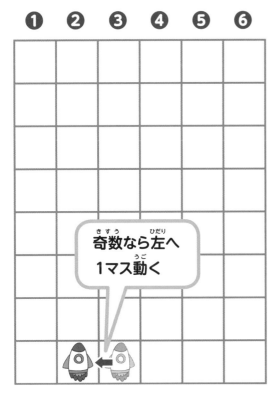

奇数なら左へ
1マス動く

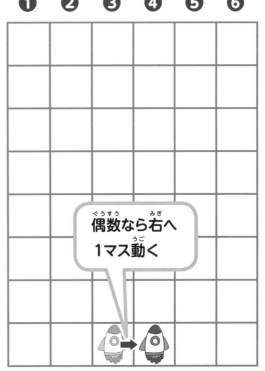

偶数なら右へ
1マス動く

■ランダムでゲームは盛り上がる

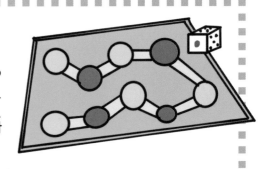

　すごろくのことはみんな知ってるよね？ あれももちろんサイコロを使うはずだ。そもそも、サイコロを使わないすごろくなんて絶対につまらないよね。

　サイコロを使うから次にどこに進めるか、毎回ドキドキハラハラしながら、みんなと盛り上がれるんだ。次に何の数字が出るか分からない「ランダム」っていうのは、実はパソコンやスマホのゲームでも大活躍しているんだよ！

13 対戦ゲームを作ろう

3が出たので、3のいちばん下に味方キャラクターを置く

4が出たので、4のいちばん上に敵キャラクターを置く

5（奇数）が出たので、味方キャラクターを左に1マス動かす

1が出た。全ての敵キャラクターを1マス下に移動してから、1のいちばん上に敵キャラクターを置く

敵の動きのプログラムと味方の動きのプログラム、とても簡単な動きしかできないけど、とりあえず両方出来上がったね。今度はこの**2つのプログラムを繋げてみよう**。どういうことかって？

最初は味方の順番。サイコロを振って味方のキャラクターをマス目に置こう。そうしたら、**次は敵の順番**。サイコロを振って敵のキャラクターをマス目に置こう。**またまた交代だ**。今度は味方がサイコロを振ったら、出た目に応じて左か右に味方のキャラクターを動かそう。そして**次はまた敵の順番**。マス目に出ている敵キャラクターを全てひとつ下に動かして、サイコロを振り、新しい敵をマス目に出現させるんだ。

こうやって、**味方→敵→味方→敵→……と繰り返していけば、いかにもゲームっぽくなるよね**。これをどうやってプログラムにしたらいいだろう？

大まかな流れを整理すると、こんな感じになるかな？

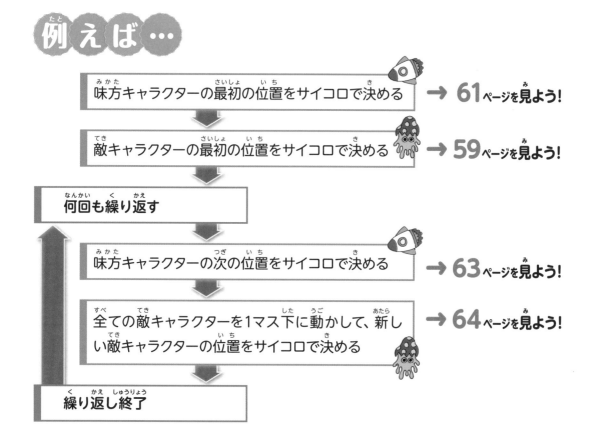

味方キャラクターの最初の位置をサイコロで決める → **61**ページを見よう！

敵キャラクターの最初の位置をサイコロで決める → **59**ページを見よう！

何回も繰り返す

味方キャラクターの次の位置をサイコロで決める → **63**ページを見よう！

全ての敵キャラクターを1マス下に動かして、新しい敵キャラクターの位置をサイコロで決める → **64**ページを見よう！

繰り返し終了

今までのページで作ってきたプログラムを、これを参考に組み立てていけば、**自動ゲームプログラムの出来上がり**だね。

もし敵のキャラクターが味方のキャラクターに重なったら、つまり敵に捕まったということで敵の勝ち。味方が20回逃げ続けることができたら、味方の勝ちにしよう。最初は人間が判断してもいいけど、もちろん**勝敗部分も「もしも」を使ってプログラミングできる**よね。

勝つも負けるもサイコロ次第。さぁ、どっちが勝つかな？ やってみよう。

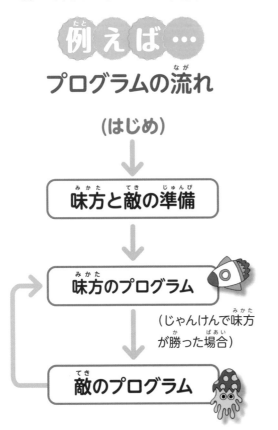

ゲームっぽいものができてきたけど、味方と敵のプログラムが一緒に混ざっているよね。せっかく**「味方のプログラム」**対**「敵のプログラム」**なんだから、この2つを分けてみよう。ここで使うのは**「自分の番が来たら」カード**と**「相手に番を回す」カード**だ。

まずは味方役の人がサイコロを振って、出た目のいちばん下のマスに味方キャラクターを置こう。次に敵役の人もサイコロを振って、出た目のいちばん上のマスに、敵キャラクターを置く。

もちろんこの部分もプログラムに入れられるんだけど、プログラムが長くなり過ぎちゃうので今回は省略。プログラムに慣れたら自分で考えてね。

さて、**準備完了**。じゃんけんをして、どちらが先にやるか決めよう。そして、次のようなプログラムに沿って、敵と味方が交代しながら動かしていこう。

こうするとお互いのプログラムを見ることなく、プログラムで対戦できるようになるね。**「サイバーバトル」って感じ**でなんだか楽しくなってきたぞ。

例えば…

味方のプログラム

自分の番が来たら

サイコロを振る

もしも　出た数は奇数？

もしも　左側に動ける？

味方を
左に1マス動かす

もしも終了

そうでなければ

もしも　右側に動ける？

味方を
右に1マス動かす

もしも終了

もしも終了

相手に番を回す

敵のプログラム

自分の番が来たら

全ての敵を1マス下げる

もしも　マスをはみ出した
敵はいる？

はみ出した敵を
回収する

もしも終了

サイコロを振る

出た数のいちばん
上の列に敵を置く

相手に番を回す

**順番を相手に
渡すよ**

さぁ、これで敵役の人が作るプログラムと、味方役の人が作るプログラムで**バトル**ができるようになった。次は、プログラムを自由に変えてみよう。

例えば、敵役の人は「全ての敵を1マス下げる」の代わりに、サイコロを振って「その列にキャラクターがいたら、一気にいちばん下まで下げる」に変えると爆弾みたいで面白そうだ。味方役の人もプログラムを変えてみよう。例えば動きが左右に1マスではなく、「サイコロの出た目の場所にワープする」とかね。なんかかっこ良さそうだ。

敵役と味方役、それぞれ**プログラムを自由に変えてバトルを楽しもう！**

右ページをコピーして
プログラムをいろいろ
変えながら対戦ゲーム
を楽しんでみよう！

「もしも」がコンピューターを賢くしている

■人生は「もしも」の分かれ道だらけ

最初は、順番通り命令を実行するだけでなく、「繰り返し」を使って、いろんなプログラムを作ったね。

そして、その次に「もしも」を使うことで、プログラムをもっと自由に動かせるようになった。「もしも」っていうのは、難しい言い方をすると「条件分岐」っていうんだよ。

これは大きな進歩なんだ。どういうことかって？

●もしも、雨が降ってきたら、傘を持って行く

●もしも、遅刻しそうだったら、全力で走って学校に行く

●もしも、テストで難しい問題がすぐに解けなさそうだったら、別の問題を先にやってみる

●もしも、友達と一緒に遊べないときは、家でひとりで本を読む

「もしも」「もしも」「もしも」……。

毎日の生活の中で、僕達私達は当たり前のように、こうやって「もしも○○だったら、△△する。そうでなければ、□□する」っていうことをやっている。たくさんの「もしも」を考えながら暮らしているんだ。

これは、分かれ道を右に進むか左に進むか、その時々に判断しているようなものだ。

私達の人生は、分かれ道だらけってことだね。

■プログラミングでも「もしも」をうまく使おう

人間が作ったプログラム通りに動くコンピューターも、この「もしも」があるから、まるで自分で考えているかのような、自由な動きができている。

●もしも、沸かしているお風呂のお湯が設定した温度になったら、温めるのを止める

●もしも、設定した時間になったら、目覚まし時計のアラームを鳴らす

●もしも、緊急停止ボタンが押されたら、エスカレーターを止める

●もしも、ゲーム機のバッテリーが残り少なくなったら、電源ランプを赤く点滅させる

お風呂のお湯を沸かす湯沸かし器も、「もしも41度になったら温めるのをやめる」といったように、「もしも」で動いているんだ

「スクラッチ」というプログラミング言語での、実際の「もしも」の例。「もしも」の中に「もしも」を入れることもできるよ

「もしも」があるから、いろんな状況に合わせて、コンピューターも動きを変えることができるんだ。

そして、そんなプログラムを作るのは、もちろん私達人間だ。私達が工夫してプログラムを作れば、まるで人間の代わりに「自分で判断してくれている」かのように、コンピューターが動いてくれるんだね。

私達人間が、コンピューターにやってもらいたいことをうまく整理してきちんとプログラムにすると、その通りに動いてくれる。賢い動きにするのも、融通の利かない動きにしてしまうのも、全てプログラムを作る私達にかかっている。

コンピューターと仲良くなるための言葉が「プログラム」というわけなんだよ。

何でもプログラムにしてみよう

自分がロボットになった気分で、自分をプログラムしてみよう。

学校から帰って家の玄関に入ったら、まず何をするだろう？　靴を脱いで机のある部屋まで移動して、ランドセルをかけたり、机の上に置いたりするよね。

もし、これをプログラムとして考えたらどうなるだろう？　例えばこんな命令を用意したらいいかもね。他にもなにか必要な命令はあるかな？

- 靴を脱ぐ
- 左を向く／右を向く
- 前に○メートル進む／1／2／3……
- 階段を上がる
- ドアを開ける
- ランドセルを置く

「前に○メートル進む」の代わりに、「右足を○センチ出す」「左足を○センチ出す」の繰り返しにしてもプログラムはちゃんと動くはずだよ。

玄関から机までは、どんな道のりをたどっているかな？　そして、その距離はどのくらいあるだろう？　メジャースケール（巻尺）を借りてそれぞれの距離を測ってみよう。そして、ランドセルを置くまでをプログラムで書いてみよう！

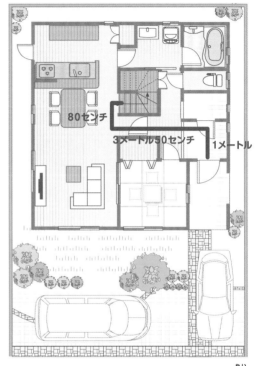

80センチ

3メートル50センチ　　1メートル

1階

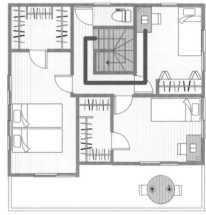

2階

朝の準備を「もしも」で書いてみよう

左のページでは、玄関から自分の部屋に行くまでを、命令にしてみたよね。

今度は、朝起きてから、学校に行くために玄関を出るまでを、命令のように書き出してみるよ。

今回は「もしも」も使うことにしよう。例えばこんな感じだよ。

・朝起きる
・着替える

・もしも　朝ごはんを食べる時間がある？
　　朝ごはんを食べる
・もしも終了

・歯磨きをする

・忘れ物チェックをする

・もしも　忘れ物があった？
　　ランドセルに入れる
・もしも終了

・靴を履く
・学校に行く

朝ごはんを食べそこねないように、早起きしないとね！

着替えが見つからない時は？ お母さんやお父さんに出してくれるように頼むよね。

・着替えを確認する
・もしも　着替えが見つからない？
　　着替えを出してくれるよう親に頼む
・もしも終了
・着替える

こんな感じで、朝起きてから学校に行くまでの自分の行動も、プログラムのように書き出すことができる。みんなの朝はどんなプログラムになるかな？

アルゴリズムって何だろう？

⑬までで、ロボットを動かす「プログラム」についてたくさん学んできたね。じっくり考えて、うまく命令を組み立てていけば、ロボットやコンピューターを思い通りに動かせることを実感できたはずだ。

でも大事なのは命令ひとつひとつじゃなくって、**「どうやったら自分の作りたいものを形にできるか」「どうやってプログラムを組み立てていけばいいか」という考え方**なんだ。

どういうことかって？

例えば料理のとき、にんじんや大根などを **「いちょう切り」** にするやり方で考えてみよう。いちょう切りって知ってるかな？ 輪切りにしたものに十文字の切れ目を入れて、4等分にする切り方なんだ。

出来上がったものがいちょうの葉っぱの形に似ているから、そう呼ばれるんだって。

じゃあ、**どうやってにんじんをこの形に切ればいいのかな**、少し考えてみよう。包丁を何回入れればいい？

1枚を輪切りにして（1回）、それを十文字に切る（2回）——これで3回。またまた1枚輪切りにして（1回）、それを十文字に切る（2回）——これで合計6回。

こんな風に9回切って10枚の輪切りを作り、それぞれを十文字に切ると、いちょう切りにされたにんじんが40枚できるね。全部で29回包丁を入れて出来上がりだ。

例えば…

10枚の輪切りにする

9回 切る

十文字に切れ目を入れる

2回×10枚

29回
切ったよ

工夫をしたら、もっと包丁を入れる回数を少なくできないかな？家で料理をしているお母さんやお父さんをよく観察してみよう。もしかすると、別の切り方をしているかもしれないよ。

例えば、こんな切り方だとどうだろう。

これだと、最初に縦半分にするのに1回。それをもう半分にするのに2回。それぞれを9回切って18回。全部で包丁を21回入れれば、いちょう切り40枚の完成だ。出来上がりは同じなのに、包丁を入れる回数が変わったね。**重ねて切る工夫をするだけで、調理の時間を短くすることができた！**他にもやり方はあるはず。みんなも考えてみよう。

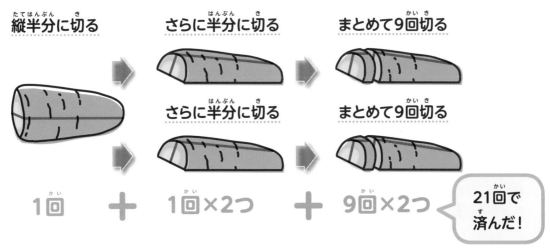

縦半分に切る	さらに半分に切る	まとめて9回切る
	さらに半分に切る	まとめて9回切る
1回	+ 1回×2つ	+ 9回×2つ

21回で済んだ！

いちょう切りひとつとってみても、**いろんなやり方・考え方・手順**があることが分かるね。こういった**手順のことを「アルゴリズム」**っていうんだ。

今までやった命令カードの組み合わせ方も、いろんな解き方があったよね。あれもアルゴリズムだよ。コンピューターを動かす魔法の言葉、プログラムを組み立てるときにも大活躍する考え方なんだ。

そんなコンピューターでよく使われるアルゴリズムについて、ゲームのように遊びながら触れてみよう。そして、**私達の生活の中にもアルゴリズムがたくさんある**ことを発見していこう。

15 秘密の暗号

「秘密の暗号」遊びって、やったことあるかな？　仲良しの友達だけにメッセージを伝えるため、**他の人が読んでも分からないように元の文章を書き換える**――これが「**暗号**」っていうものなんだ。友達との秘密のやり取り、なんだかワクワクするね。

例題20 やってみよう！

表の横方向（列）が数字の1の位だよ

暗号表

	00	01	02	03	04	05	06	07	08	09
00	あ	い	う	え	お	か	き	く	け	こ
10	さ	し	す	せ	そ	た	ち	つ	て	と
20	な	に	ぬ	ね	の	は	ひ	ふ	へ	ほ
30	ま	み	む	め	も	や	ゆ	よ	ら	り
40	る	れ	ろ	わ	を	ん	ぁ	ぃ	ぅ	ぇ
50	ぉ	ゃ	ゅ	ょ	゛	。	―	！	？	♡

縦方向（行）は数字の10の位

「り」は縦の10の位が「30」、横の1の位が「09」だから、数字は「39」になるんだ！

76

大事なのは「文章を暗号に置き換えるやり方」（これを「符号化」っていうよ）と、「暗号を元の文章に戻すやり方」（これは「復号」）を、友達としっかり共有しておくこと。そうしないと、相手に正しく伝わらないからね。例えば、下の暗号表を使って言葉を数字に置き換えてみよう。

暗号表のひらがなの場所をごちゃごちゃに入れ替えればもっとバレにくくなるね。「符号化」と「復号」のやり方、つまりこの暗号表が他の人に絶対知られないように気をつけよう。せっかくの暗号文が、他人に簡単に読まれてしまうからね！

あ	そ	ひ゛	に	い	こ	う	よ	！
00	14	26	54	21	01	09	02	37	57

文字を数字に
置き換えて
みよう！

00 14 26 54 21
01 09 02 37 57

02 45 57
01 01 37 57

もしも暗号表が盗まれても、バレにくくするにはどうしたらいいだろう？ **"仲間だけが知っている数字を決めてその数だけずらす"** っていう方法はどうだろう。「♡」（59）の次は、最初の「あ」（00）に戻ることにしよう。秘密の数字を「4」にしたら、「あそび゛にいこうよ！」はこう変わる。

例えば…

あ	そ	ひ	゛	に	い	こ	う	よ	！
00	14	26	54	21	01	09	02	37	57

4つずらすと……

04	18	30	58	25	05	13	06	41	01

「！」の「57」は2つずらすと「59」。もう1つずらすと最初に戻って「00」、そして「01」ってことだよ

おてま？はかせきれい

秘密の数字をいくつも使う方法もあるよ。例えば「2」と「5」を秘密の数字にして、最初の文字は2つずらす、次の文字は5つずらす、次の文字は2つずらす……って感じで暗号にすると、ますます解読しにくくできるね。

「暗号」は、コンピューターの世界でよく使われているんだ。

実際にはもっと複雑なやり方だけどね。みんなも工夫をして、いろんな暗号で遊んでみよう！

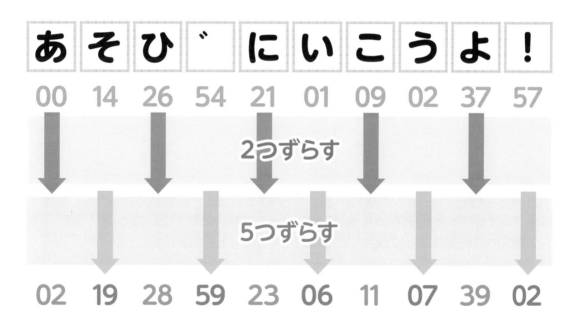

5本指で 31まで数えてみよう

片手の5本指で数字を数えるとき、どうやって数える？

グーから数え始める人、パーから数える人、親指から動かすやり方、小指から動かすやり方……。いろいろあるよね。どのやり方でも、最初は「0」で、指を動かすたびに「1」「2」「3」……「9」「10」と数えるよね。

例えば…

0　1　2　3　4

10　9　8　7　6　5

> 0～9まで、10コの数字を使って数を数えるやり方を「10進数」っていうんだ。9に1を足すと桁があがるね。あまり聞いたことはないと思うけど、0と1の2つの数字で数を数えると「2進数」、0～2の3つの数字だと「3進数」なんだよ

でもこれだと、親指だけを折った形は「4」か「6」か区別がつかないね。じゃあ「6」は、人差し指だけを折った形にすればいいのかな？「0」と「10」も一緒だけど、どうしたらいいだろう？「10」は2桁だから、もう片方の手を使って10の位を表すしかないかな？

私達は「9」の次（10）で桁がひとつあがる数字の書き方、これを「10進数」っていうんだけど、それを当たり前に使っているよね。でも「10」以外で桁がひとつあがる数え方もあるんだ。時間を思い出してみよう。1時間は60分、1日は24時間ってのもそうなんだ。

実は、**コンピューターの中では10進数じゃない数え方**をしてるんだ。コンピューターと同じやり方で、指を使って数える方法を試してみよう。こんなルールだよ。

親指を伸ばしたら「1」。人差し指を伸ばしたら「2」。中指を伸ばしたら「4」。薬指を伸ばしたら「8」。小指を伸ばしたら「16」。**伸ばした指の数を全部足したものが表したい数**。つまり、グーの手は「0」、パーの手は小指から足すと「16＋8＋4＋2＋1」で「31」ってことだ。

このルールを使うと、**5本指で0から31まで、32通りの全ての数が表現できる**。ホントかな？ みんなもいろいろ試してみよう。

実は、人差し指の「2」は親指（1）より「1」だけ多い、中指の「4」は親指（1）と人差し指（2）を足した「3」より「1」だけ多いっていうルールになってるね。じゃあ薬指の「8」と小指の「16」は……もう分かったかな？

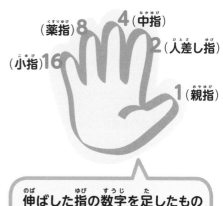

（薬指）8　　4（中指）
（小指）16　　2（人差し指）
　　　　　　　1（親指）

> 伸ばした指の数字を足したものが、表したい数字になるよ！

0＋0＋4＋2＋1＝7

じゃあこれは？

（14）

（19）

> このルールで伸ばした指を「1」、折り曲げた指を「0」と表現すると、「7」は「00111」って書けるね。こういう風に「0」と「1」の2つだけで数を表現する方法を「2進数」っていうんだ

たった5本の指を伸ばす／折り曲げるの違いだけで、0から31まで32通りも表せる。**コンピューターでは「0」と「1」だけを使う「2進数」っていう数え方を使う**んだけど、実はこれと全く同じ考え方なんだ。

友達と一緒に指を折って見せて、数字の当てっこゲームをしてみよう！

17 絵を数字で伝えよう

みんなはテレビやゲーム機、スマホなどの画面をじーっと見たことはあるかな？ 虫眼鏡なんかを使ってよーく観察すると、**小さな小さな四角の点（ドット）がびっしり並んでいて、ひとつひとつの点がいろんな色に塗られている**んだ。

実際にみんなも、いろんな画面を観察してみよう。学校や家に顕微鏡がある人は、先生や親に頼んで使ってみるといいね。だだ、目が悪くなるかもしれないから、ずーっと見続けないように！

そういえば、昔っぽいゲームのキャラクターってカクカクした絵だったよね。

例えば…

小さな点のことを「ドット」っていって、ドットで描いた絵だから「ドット絵」なんだ

そこの小さな四角の点ひとつひとつを、その色に応じた数字で表すと、**コンピューターの得意な「計算」で絵を描ける**ことになるんだ。

こうやってコンピューターは、写真やイラスト、動画、音楽など、**全てを"数字"に置き換えて"処理"**しているんだよ。

コンピューターのように**絵を点で描いてみて、友達に数字で伝えるゲーム**をやってみよう。6×6、8×8、10×10でも、マス目の大きさは何でもいいよ。ただし、**マス目の数（横何マス、縦何マス）を友達に正しく伝えておく**ことが大切。区切りが分からなくなっちゃうからね。

まずは、相手に見えないようにマス目を塗って絵を描いてみよう。絵が出来上がったら**塗っていないところを「0」、塗ってあるところを「1」**として、0と1の数字の並びに置き換えるんだ。そして、その数字を左から右へ、上から下へ、全部繋げたら出来上がり。この並んだ数字を友達に渡そう。

ここでは8×8マスで説明するけど、簡単な絵じゃないと潰れちゃうよ

まずは自由に絵を描こう

元の絵に近くなるように、黒と白でマス目を塗り分けよう

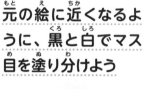
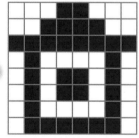

白いマス目は「0」、黒いマス目は「1」に置き換えよう

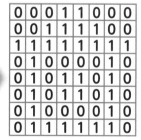

数字を左から右へ、上から下へ繋げて友達に渡そう

| 00011000 | 00111100 | 11111111 | 01000010 | 01011010 | 01011010 | 01000010 | 01111110 |

例題 21 やってみよう！

実際に絵を
数字にして
みよう！

88ページの用紙を
コピーしよう！
方眼ノートを使う
のもいいね！

8×8マス

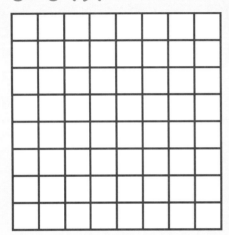

16×16マス

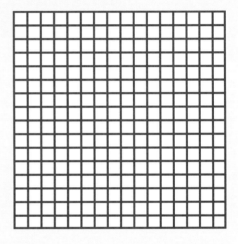

　さぁ、友達から渡された数字を基にして別のマス目を塗っていき、友達の絵と答え合わせをしてみよう。無事同じ絵になったかな？　お互いに正しく伝え合えたかな？

　うまく数字で伝えることができたかな？

　中には書き間違ったり、写し間違ったりして違う絵になってしまった人もいるはず。0と1ばかりで、目がチカチカしてくるからね。

　パソコンやインターネットで、絵や写真を送ったり、受け取ったりするときには、こんな感じで**全てを数字に直してやり取り**しているんだ。本当はもっと複雑だけどね。

さて今度は、2つ工夫をしてみよう。

まず最初は伝える**数字を短くする、「圧縮」**だ。ここでは、**"0がいくつ続くか"、"1がいくつ続くか"を並べて書いてみる方法**でやってみよう。

最初は0の数から始めるのが決まりだよ。例えば「00011000」は「000」「11」「000」、つまり0が3個、1が2個、0が3個と並んでいるので「323」と書く。「11100011」は0が0個、1が3個、0が3個、1が2個だから「0323」。

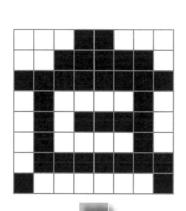

例えば…
数字を短くしよう

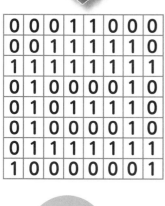

➡ 0が3個、1が2個、0が3個

➡ 323

必ず0から数えるよ！

➡ 0が0個、1が1個、0が6個、1が1個

➡ 0161

こうなった
かな？

| 323 | 251 | 08 | 11411 | 11141 | 11411 | 17 | 0161 |

2つ目の工夫は、書き間違い、写し間違いがあったときのために、その**間違いをチェックできる目印**。1行に1（黒く塗り潰したマス）がいくつあるかを数えてみよう。その数が**奇数だったら「1」、偶数だったら「0」**と、**数字の最初に付け加える**。これを使うと、間違えたところが見つけやすくなるんだ。黒いマスの数が違うって、チェックできるからね。これで、0や1を1カ所伝え間違っても、「ここがおかしいから、もう一回教えて！」と言えるようになるんだよ。ちなみにこのことは**専門用語だと「パリティ」**っていうんだけど、ちょっと難しい言葉だね。

チェックの数字（パリティ）を付ける

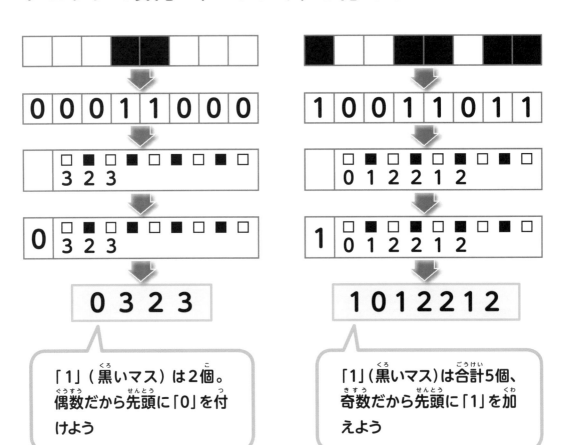

「1」（黒いマス）は2個。偶数だから先頭に「0」を付けよう

「1」（黒いマス）は合計5個、奇数だから先頭に「1」を加えよう

さて、この2つの工夫で元の「0」と「1」の数字だけで書くより短く、完璧ではないけど間違いのチェックもできるようになった。本物のコンピューターがやっているやり取りに近づいてきたよ。

今度はこのルールで友達と絵を伝え合うゲームをしてみよう。ちょっと難しいけど、じっくりチャレンジしてね！

圧縮してパリティを付けよう！
89ページの用紙を使ってね

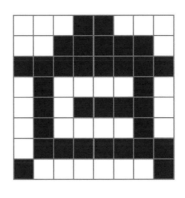

こうなったかな？

| 0323 | 1251 | 008 | 011411 | 111141 | 011411 | 117 | 00161 |

マスを用意したよ。83〜84ページで
やったように、自由にマス目に絵を描いて、
それを0と1に置き換えよう。**山折り線
で折って友達に渡せば**、自分で描
いた絵が友達には見えなくなるよね。友達
は、ちゃんと絵を正しく再現できたかな?
　今度は85〜86ページでやった「**圧縮**」
と「**パリティ**」も使い、友達に絵を伝
えてみよう!

例題 22
やってみよう!

この見開きを
コピーして、
切り取って
使ってね!

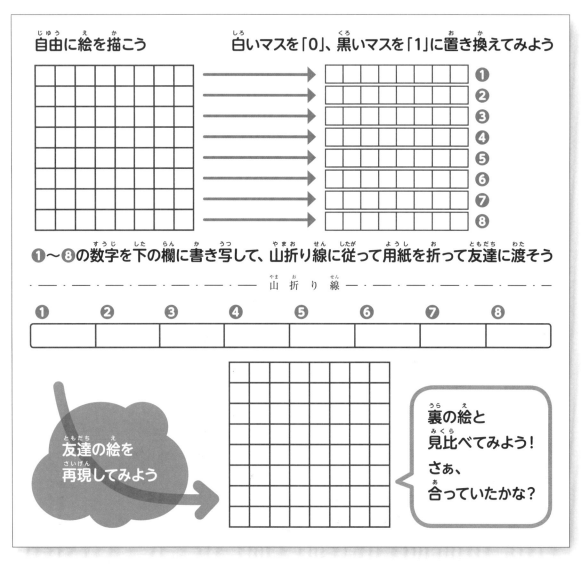

自由に絵を描こう　　　　　白いマスを「0」、黒いマスを「1」に置き換えてみよう

❶❷❸❹❺❻❼❽

❶〜❽の数字を下の欄に書き写して、山折り線に従って用紙を折って友達に渡そう

―――――――――― 山折り線 ――――――――――

❶　　❷　　❸　　❹　　❺　　❻　　❼　　❽

友達の絵を
再現してみよう

裏の絵と
見比べてみよう!
さぁ、
合っていたかな?

88

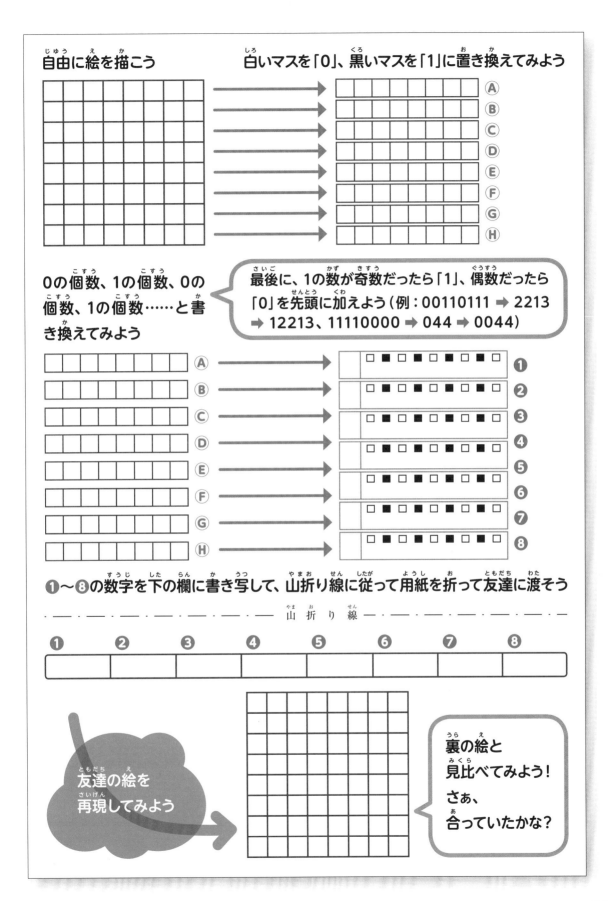

自由に絵を描こう

白いマスを「0」、黒いマスを「1」に置き換えてみよう

Ⓐ
Ⓑ
Ⓒ
Ⓓ
Ⓔ
Ⓕ
Ⓖ
Ⓗ

0の個数、1の個数、0の個数、1の個数……と書き換えてみよう

最後に、1の数が奇数だったら「1」、偶数だったら「0」を先頭に加えよう（例：00110111 ➡ 2213 ➡ 12213、11110000 ➡ 044 ➡ 0044）

Ⓐ ➡ □■□■□■□■□ ❶
Ⓑ ➡ □■□■□■□■□ ❷
Ⓒ ➡ □■□□□■□□□ ❸
Ⓓ ➡ □■□■□■□■□ ❹
Ⓔ ➡ □■□■□■□■□ ❺
Ⓕ ➡ □■□■□■□■□ ❻
Ⓖ ➡ □■□■□■□■□ ❼
Ⓗ ➡ □■□■□■□■□ ❽

❶〜❽の数字を下の欄に書き写して、山折り線に従って用紙を折って友達に渡そう

— · — · — · — · — · — 山 折 り 線 — · — · — · — · — · —

❶　❷　❸　❹　❺　❻　❼　❽

友達の絵を再現してみよう

裏の絵と見比べてみよう！

さあ、合っていたかな？

18 一筆書きで遊ぼう

「一筆書き」で遊んだことはあるよね？ 鉛筆やペンなどの筆記用具を一度も紙から離さずに、いろんな図形を描く遊びだ。「1回通った線は、2回通ることはできない」「点で交わるように通るのはOK」というルールだね。

あ、紙の裏側を通る──っていう裏技はなしだよ。

例えば… 一筆書きできるかな？

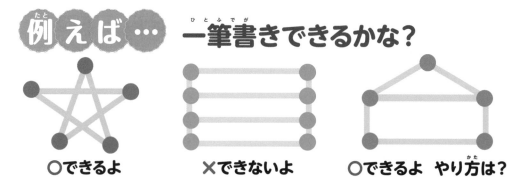

○できるよ　　　×できないよ　　　○できるよ　やり方は？

実はこのゲーム、数学やコンピューターの世界でもおなじみの有名な問題と関係があるんだ。今から300年近く前のプロイセンという国（現在のロシアやドイツ、ポーランドの辺りだよ）に、ケーニヒスベルクという街があって、その街の真ん中を大きな川が流れていたんだ。そして、その川には右のイラストのように7つの橋が架かっていたんだって。

「この7つの橋を、1回ずつ渡って、元の場所に戻ってくる方法はあるか、ないか？」

──あるとき誰かが言ったこのことが**「ケーニヒスベルクの橋問題」**と呼ばれてとっても有名になったんだ。

例題23 やってみよう！

一筆書きと橋を渡る問題が、どうして一緒なの？ と思ったかもしれないけど、下の図のように書き換えてみたらどうだろう？

例えば…

ちょうど川で仕切られた陸地のひとつひとつが点に、橋のひとつひとつが線に置き換えられているね。「橋はそれぞれ1回ずつしか渡れない」というのが、一筆書きで線を描くのと一緒になった。こうやって**単純に置き換えて考えてみると、一見難しそうな問題が分かりやすくなる**よね。

では早速この問題が解けるか、チャレンジしてみよう！

どこの場所からスタートしたら一筆書きをして、その場所に戻ってこられるかな？あるいは、そんな一筆書きは、絶対に無理なのかな？ いろいろ試してみよう。

でも実は、この問題の答えは「橋をそれぞれ1回ずつ渡って元の場所に戻る方法はない」なんだ。「解けるかな？」と問題を出しておいて、ひどいよね。ごめんなさい。でも、いくつか橋を足すと一筆書きできるようになるから、今度はそれを考えてみてね。

パビリオンをどう回る？

一筆書きの次は、友達と一緒にこんなゲームをやってみよう。

みんなは遠足で**職業体験テーマパーク**の入場口に来ているよ。いろんな仕事を体験できる場所だけど知っているかな？ **時間は午前10時**、オープン直後だ。

ひとつでも多くの仕事体験パビリオンを回って、午後4時の集合時間までに入場口に戻ってきた人の勝ちだ。

徒歩での移動にはイラストに書かれているように時間がかかるよ。パビリオンでの仕事体験の時間もそれぞれ違うね。

ただし、**12時から12時半の間は全員が入場口近くの広場に集まってみんなでお弁当を食べる**ように、先生から言われているから気をつけよう！ 12時より早く中央広場に着くのは構わないけど、早く着いても12時半を過ぎないとパビリオンには出かけられないからね。

さぁ、いくつ回れるかな？ じっくり考えて、みんなで競ってみよう！

例えば…

10:00　　　　　入場口

↓ 5分

10:05〜10:20　レジ打ち

↓ 5分

> エンジニアは通過したよ

↓ 5分

10:30〜10:50　メイクアップアーティスト

↓ 5分

10:55〜11:25　着付け

↓ 5分

11:30〜11:50　キャビンアテンダント

↓ 10分

12:00〜12:30　広場（お弁当）

⋮

やってみよう！
時間内にたくさん回ろう！

仕事の下に書いてある分数が体験するのにかかる時間、道に書いてあるのが移動時間だよ

WELCOME
入場口

12時から12時半はここでお弁当だよ。12時前にちゃんと戻って来てね！

20分

5分

5分　5分

10分

グラフィックデザイナー
（30分）

レジ打ち（15分）

5分

広場

5分

駅員
（15分）

5分　5分

10分

エンジニア
（30分）

5分

カーディーラー
（15分）

5分

5分

5分

5分

獣医
（20分）

5分

メイクアップ
アーティスト
（20分）

5分

10分

5分

消防士（30分）

5分

5分

5分

キャビンアテンダント
（20分）

5分

5分

着付け
（30分）

5分

5分

10分

遊園地（30分）

ウェディングプランナー（20分）

10分

20 本を並べ替えよう

「並べ替え」って、やったことあるかな？ モンスターカードを強い順に並べる、クラスで出席番号順に並ぶ、駆けっこをして足の速い順に並ぶ、いろんなお菓子を食べ比べておいしかった順に並べる——何でもいいんだ。

並べ替えっていうのは、順番が決められるもの（大きい順、重い順、あいうえお順、好き嫌い順）をきれいに並べること。英語では「ソート」や「ソーティング」っていうよ。

2〜3個を並べ替えるのはすぐにできるけど、20個、50個、100個を並べ替えるとしたらちょっと大変。頭がこんがらがってしまいそうだね。

試しに家にある本を使って、並べ替えをやってみよう。

まず8冊の本を用意してほしいけど、その本のタイトルはできるだけバラバラなものにしよう。用意ができたら、広い机や床の上にその8冊を横一列に並べよう。最初は順番を気にしなくていいよ。

さて今から、これを**タイトルのあいうえお順に並べていこう**。さて、どんな風に並べ替えするかな？ 友達とタイムを計って、どちらが早くできたか競ってみよう。

例題 25 やってみよう！

あいうえお順に並べ替えよう！

郭が来た　台風怖い　ランドセル　マントヒヒ　サッカー　ヨーグルト　給食　納豆

普通にやるとしたら、こんな風にやるんじゃないかな？

❶ざっと眺めて、あいうえお順で一番先頭っぽいものを選ぶ
❷残りをまた眺めて、その次っぽいものを出して2番目に置く
❸次を探しながら、間に入りそうなものがあったら間に挟む
❹これをずっと繰り返して並べ替える

専門用語では、これを「挿入ソート」というよ。8冊くらいだったら、これでもできそうだね。

 先頭に来そうなものを探して、あとは間に入りそうなものを入れていくかな？

朝が来た　　サッカー

台風怖い　ランドセル　マントヒヒ　ヨーグルト　給食　納豆

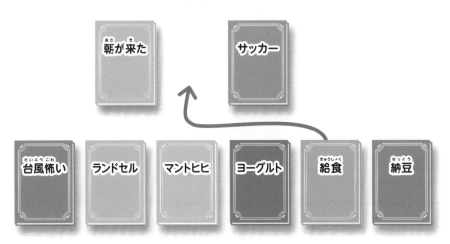

でも50冊とか100冊だったら大変そうだ。次は、こんな風に並べ替えをやってみよう。

❶まずは本を2冊ずつに分ける

❷それぞれの2冊ずつで、あいうえお順に並べる

❸次は4冊で、あいうえお順に並べる

❹最後は8冊で、あいうえお順に並べる

何だか難しそうだけど、実は**本がたくさんあるときはこちらの方がとても早く並べ替えられる**んだ。本当かな？ 16冊、32冊で、2つの並べ替えのやり方を試して、どちらが簡単か、どちらが早く並べ替えられるか、実際にやってみよう。

こうやって、たくさんのものを**小さな塊に分けてから、少しずつまとめていく並べ替えのこと**を、専門用語では「マージソート」というんだよ。

❶2冊ずつに分ける

❷2冊ずつであいうえお順にする

❸4冊ずつ、それぞれを並べ替える

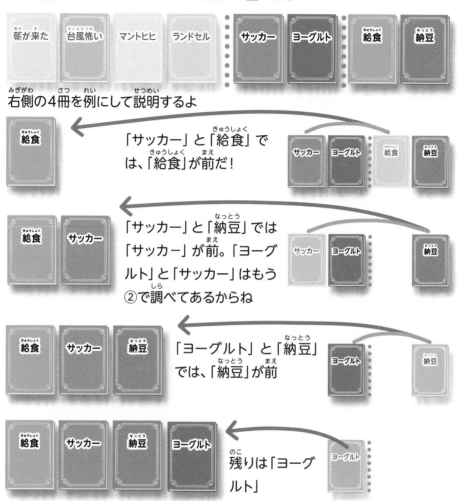

右側の4冊を例にして説明するよ

「サッカー」と「給食」では、「給食」が前だ！

「サッカー」と「納豆」では「サッカー」が前。「ヨーグルト」と「サッカー」はもう②で調べてあるからね

「ヨーグルト」と「納豆」では、「納豆」が前

残りは「ヨーグルト」

❹4冊グループの左側（先頭）から順番に比べて8冊を並べ替える

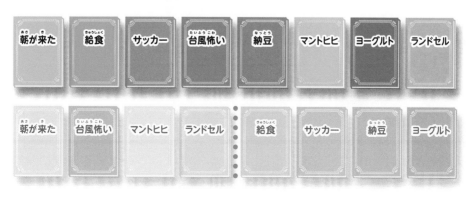

21 背の順に並べ！

例題 26 やってみよう！　背の順に並ばせよう！

このまま

入れ替え

このまま

入れ替え

例えば…

左から順番に背比べをして、背の高い人は左に、低い人は右に入れ替えていこう

一番低い友達に決定

今度はこんな並べ替えをやってみよう。

8人の友達で背の順に並ぶことになったよ。背の順で自分が何番目かは知らないことにしよう。でも**二人が並んで背比べ**をして、どちらが背が高いか低いかを確認することはできる。そして**背の順になるよう二人が入れ替わる**。これを繰り返して、背の大きい順に並んでみよう。

まず、一番左から順に背比べをしていくやり方だと、どうなるだろう？やってみよう。

さて、7回背比べをすると、一番背が低い人が一番右に来るね。

今度は一番低い人を除いた**残りの7人で、また同じことを6回やる**。そうしたら、2番目に背が低い人が決まるんだ。これを繰り返すと、背の高い順に並び替えができるってことだね。つまり、「7＋6＋5＋4＋3＋2＋1＝28回」、背比べをしたら8人の背の順が決まるってことだ。

このやり方は**専門用語では「バブルソート」**っていうよ。だた簡単なやり方なんだけど、人数が増えた時に背比べをする回数がとても増えてしまうんだ。例えば100人でやったら、4950回も背比べをしないといけない！

例えば…

残りの7人も同じように背比べをして、2番目に低い人を見つけよう

2番目に低いと分かった！

次は、別のやり方を考えてみよう。**背の高さがだいたい真ん中くらいっぽい人**を選んで、その人より背が高い人は左に、背が低い人は右に集まってもらう。そうしたら、左の人たち、右の人たちがそれぞれ、同じようにまた真ん中っぽい人を選んで、**同じことを繰り返す**んだ。大きな塊を2つに分けて、それらをまた2つに分けて……って、どんどん小さくしていくと、背の順が決まるってことだね。

真ん中くらいの人と背比べをしよう

私より背が高い人は左に、低い人は右に行ってね

7回背比べ

これで私が6番目だって分かった！

まとまりごとにまた真ん中くらいの人と背比べ

僕より背が高い人は左に、低い人は右に行ってね

私より背が高い人は左に、低い人は右に行ってね

4回背比べ

もう決まってるから背比べしないよ

右ページに続く

1回背比べ

右ページに続く

8人の場合、このやり方だと「7＋4＋1＋1＋1＝14回」の背比べをしたら全員の順番が決まったよ。**背比べの回数がずいぶん減ったね。**

人数や真ん中の人の選び方で、背比べの回数はその時々で変わってしまうけど、98〜99ページのやり方よりとても少ない回数で、背の順を決められるやり方なんだ。**専門用語では「クイックソート」っていうよ。**

鉛筆を長い順に並べ替えたり、テストの点数の良い順に並んだり（これは嫌だね）、拾ったどんぐりを大きい順に並べ替えたり、**順番がつけられるものなら何だって並べ替えられる。**

みんなもいろんなものの並べ替えに、いろんなやり方でチャレンジしてみよう。

犯人を捜せ！

今度は**お菓子を盗んだ犯人を当てる推理ゲーム**をやってみよう。このゲームは「マスターマインド」や「マスコゲーム」っていうボードゲームを参考にしているよ。

さて、**犯人には特徴が4つ**ある。①かぶっていた帽子、②持っていたかばん、③着ていた服、④連れていたペット──の4つだ。探偵役がその4つの**特徴を全て当てたら正解**だ。

> たくさんコピーして、切り取って使ってね

犯人の特徴

帽子   　かばん

服   　ペット

まずは犯人役と探偵役に分かれよう。

犯人役の人は、帽子、かばん、服、ペットからそれぞれひとつ選ぼう。それが犯人の特徴だ。帽子が3種類、かばんが3種類、服が3種類、ペットが3種類あるよ。くれぐれも探偵に見えないように隠しておこう！

探偵役の人は犯人の特徴を推理して、右のページにある用紙のマス目にその特徴を置いてみよう。コピーしてから使うといいよ。最初は1回目の欄だね。

そうしたら**犯人役の人は特徴がいくつ合ってるか、その数を探偵に伝えてあげる**んだ。どの特徴が合っているかは、伝えてはだめだよ。

探偵役は全ての特徴が正解になるまで、繰り返しチャレンジしよう。用紙は8回目までしかないけど、何度繰り返してもいいよ。

さて探偵役の人は、何回で犯人を当てることができたかな？

一度終わったら探偵役と犯人役を入れ替えて、同じように犯人の特徴を当ててみよう。**少ない回数で犯人を当てられた方の勝ち**だ。

さぁ、どのように推理していったら、より早く犯人を見つけることができるかな？知恵を絞って考えよう！

例題 27
やってみよう！　犯人を推理しよう！

回数	帽子	かばん	服	ペット	合っている数
1回目					
2回目					
3回目					
4回目					
5回目					
6回目					
7回目					
8回目					

例えば…　考え方を工夫しよう！

犯人の特徴の例

回数	帽子	かばん	服	ペット	合っている数
1回目					1
2回目					1
3回目					2
4回目					

全てを入れ替えてしまったから、どの特徴が合っているのか分からない……

ペットだけを変えたら、合っている数が増えた！ ペットも合っているってことだね

23 しりとり迷路を作ろう

　こんな迷路で遊んだことないかな？ いろんな絵が描いてあって、その絵と絵が線で繋がっている。そして、**スタートからゴールまで"しりとり"でたどっていく**というものだ。しりとりにならない道は進めない。「ん」で終わったら、ゲームオーバー。

　さぁ、今度はみんなでしりとり迷路を作ろう。やり方はこうだよ。

❶友達を集めよう。多ければ多いほどいいよ。4〜5人くらいいるといいかもね

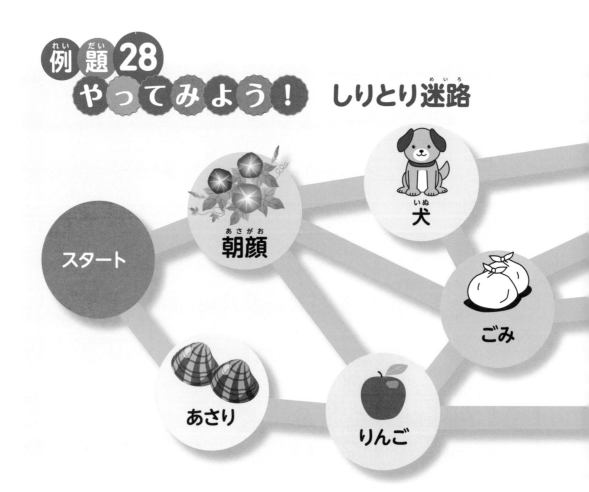

例題28 やってみよう！ しりとり迷路

スタート

朝顔

犬

ごみ

あさり

りんご

❷しりとりに使えそうな言葉をカードに書き出していこう。そして1枚のカードにひとつの言葉を書く。絵で表現するのもいいかも。あまり多すぎても困るから、ひとり5枚とか決めておくといいよ

❸広い机か床に、書いたカード全部を並べてみよう

❹みんなでどれをスタートのカードにして、どれをゴールのカードにするか、決めよう

❺残りのカードを使って、スタートからゴールまで繋げてみよう。繋げるときは鉛筆を置くといいかな。鉛筆の先がとがった方が進む向きってことにしよう

❻残ったカードも繋げられるところは繋げてみよう

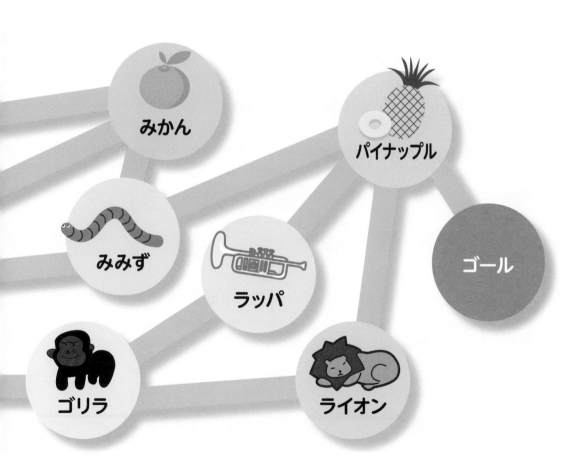

迷路になるように繋げよう！

牛　蟻　マンボウ　カカシ　カミソリ　トマト　スイス　シマウマ　スイカ　芝生　リンゴ　リス　胡麻　踏切　唐辛子

うまくしりとり迷路ができたかな？ それとも言葉がうまく繋がらなくて迷路にできなかったかな？ そんなときはいい言葉を考えて、カードを足してみよう。

さて、ここで問題だ。カードとカードを鉛筆で繋げていくわけだけど、どういう順番で考えてみたらいいだろう？

スタートからしりとりで繋がるものを順番に繋いでいく方がいいのかな？ それともスタートとゴール、それぞれから繋いで真ん中で最終的に繋がるようにしていくのがいいのかな？

いろんなやり方を試してみながら、どういう順番で考えていけばいいのか、しっかり探してみよう！

アルゴリズムとコンピューター

■プログラミングは「通訳」に似てる

後半はちょっと難しかったかな。でも、プログラムを作るためには「やりたいことを整理して、問題をシンプルにし、解き方を考える」っていう過程が大事なんだ。

コンピューターを思った通り動かすためには、コンピューターがやりやすいように、そしてコンピューターが間違えないように、やりたいことを分かるように伝えてあげないといけない。違う言葉を話し、違う考えをしている人に、自分の気持ちを伝える。つまり、プログラミングは「通訳」と似ているってことだね。コンピューターと人間、両方の気持ちを分からないと、プログラムにできないんだからね。

■プログラムのもとになるアルゴリズム

さて、問題の解き方を考える「アルゴリズム」。実はとても歴史があるんだ。今から2千数百年前、ユークリッドという数学者が残した、最大公約数（中学校で習うよ）を求めるための「ユークリッドの互除法」というのが、世界初のアルゴリズムのひとつといわれているよ。

コンピューターが生まれて約80年。より速く、より小さく進化してきた。そんなコンピューターを上手に活用して、人間が解きたいこと、やりたいことを実現する。そのために、世界中のコンピューター専門家や数学者が知恵を絞ってたくさんのアルゴリズムを発明してきたんだ。この本で遊んだのも、そんなアルゴリズムのほんの一部だったんだよ。

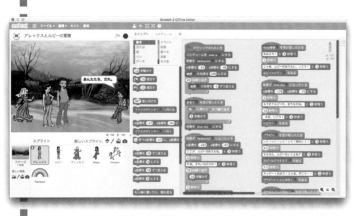

「スクラッチ」を使うといろんな命令を組み合わせてゲームやアニメーションが作れるよ
■https://scratch.mit.edu/

プログラムはロボットも動かせるんだ。写真はアーテック エジソンアカデミーの教材
■http://edisonacademy.artec-kk.co.jp/

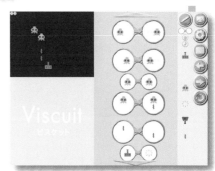

「ビスケット」で動く絵本を作ってみるのもいいね
■http://www.viscuit.com/

　たくさんの電車がダイヤ通りに動くのも、スマホであっという間に乗り換え案内の検索ができるのも、ゲームでキャラクターや敵が流れるように自然に動くのも、工場でロボットがてきぱきと仕事をこなしてくれるのも、どれもこれもみんな「アルゴリズム」を考えて、プログラムにした人のおかげなんだ。

■コンピューターと人間とのチームワーク

　コンピューターはものすごい速さで計算するのが得意だけど、自分で考えるのは苦手。人間は知恵を絞って新しいアイデアを出すのが得意だけど、速さではコンピューターにはかなわない。そんなコンピューターと人間が、得意なもの同士を生かしてチームを組めば、今までにないすごいことが実現できるんだ。わくわくするよね。さぁ、みんなもどんどんチャレンジしてみよう！

　そして、ゲームや絵本なんかをパソコンやタブレットで作ってみたいと思ったときは、「ビスケット」や「スクラッチ」なんかにチャレンジしてみよう。世界中の子供たちが楽しいプログラムを作っているよ。プログラムでロボットだって動かせるよ。

<ruby>索引<rt>さくいん</rt></ruby>

■著
エンジニア、技術コンサルタント、翻訳・執筆
松林弘治（まつばやしこうじ）
1970年生まれ。Vine Linuxの開発団体Project Vine副代表。ボランティアで写真アプリ「インスタグラム」の日本語化に貢献。著書に「子どもを億万長者にしたければプログラミングの基礎を教えなさい」（KADOKAWA刊）など。

■監修
INIAD（東洋大学情報連携学部）学部長、工学博士
東京大学名誉教授
坂村 健（さかむら けん）
1951年生まれ。1984年からTRONプロジェクトのリーダー。現在TRONはIEEE（米国電気電子学会）の標準リアルタイムOSで、携帯電話をはじめとしてデジタルカメラ、FAX、車のエンジン制御と、世界でもっとも使われる組み込みOSとなっている。2015年ITU（国際電気通信連合）設立150周年を記念したITU150アワード受賞。2017年、INIAD（東洋大学情報連携学部）学部長に就任。

■イラスト
よしのゆかこ
http://artcube.sakura.ne.jp/
artists_yukako.html

■デザイン・DTP
前川敦子

■編集
雨宮 徹

パソコンがなくてもできる！
はじめてのプログラミング 普及版

2020年9月11日 初版発行

著		松林弘治
監 修		坂村 健
発 行 者		加瀬典子
発 行		株式会社角川アスキー総合研究所
		〒113-0024 東京都文京区西片1-17-8
		https://www.lab-kadokawa.com/
発 売		株式会社KADOKAWA
		〒102-8177 東京都千代田区富士見2-13-3
		https://www.kadokawa.co.jp/
印刷・製本		大日本印刷株式会社

●アスキーサポート事務局
【電話】0570-00-3030（土日祝日を除く11時～17時）
【WEB】https://ascii.jp/support/

※製造不良品につきましては上記窓口にて承ります。
※記述・収録内容を超えるご質問にはお答えできない場合があります。
※サポートは日本国内に限らせていただきます。

ISBN978-4-04-911055-5　C8055　定価はカバーに示してあります。
NDC007
©2020 KADOKAWA ASCII Research Laboratories, Inc.　Printed in Japan